# 网络化控制及系统安全

颉新春 著

西北工业大学出版社

西 安

【内容简介】 随着全球工业网络安全风险持续攀升和大量主动性攻击的出现,工业生产中网络化控制系统的运行安全问题面临新的挑战。研究工业生产中的数据信息及网络化控制系统的安全性及可靠性指标、恶意攻击行为检测及系统防护等问题已成为科学技术人员必须解决的问题。本书针对工业应用中的网络化控制系统,详细阐述了闭环控制策略及在其运行过程中面临的安全问题,给出了维持控制系统安全运行的防护措施和控制器设计方法。

本书可作为普通高等学校计算机、控制、通信相关专业研究生和高年级本科生教材或教学参考书,也可供相关工程领域的科研和技术人员阅读。

**图书在版编目(CIP)数据**

网络化控制及系统安全 / 颉新春著. — 西安 ：西北工业大学出版社,2022.11(2024.5重印)

ISBN 978 - 7 - 5612 - 8598 - 5

Ⅰ. ①网… Ⅱ. ①颉… Ⅲ. ①工业控制计算机-计算机网络-自动控制系统 Ⅳ. ①TP273

中国版本图书馆 CIP 数据核字(2022)第 250785 号

WANGLUOHUA KONGZHI JI XITONG ANQUAN

网 络 化 控 制 及 系 统 安 全

颉新春 著

| | | | |
|---|---|---|---|
| 责任编辑:孙 倩 | | 策划编辑:肖 莎 | |
| 责任校对:李阿盟 | | 装帧设计:李 飞 | |

出版发行：西北工业大学出版社

通信地址：西安市友谊西路 127 号　　　邮编:710072

电　话：(029)88491757,88493844

网　址：www.nwpup.com

印 刷 者：西安五星印刷有限公司

开　本：787 mm×1 092 mm　　1/16

印　张：11.875

字　数：312 千字

版　次：2022 年 11 月第 1 版　　2024 年 5 月第 2 次印刷

书　号：ISBN 978 - 7 - 5612 - 8598 - 5

定　价：68.00 元

# 前　　言

　　随着数字化网络在工业控制系统中的广泛应用,控制系统逐渐呈现出结构复杂化、通信形式多样化及控制方式多元化的特征。为了提高生产效率和管理水平,在新一代处理器及通信技术的支撑下,工业自动化中应用的控制和信息网络在逐渐融为一体化的同时,实现了与 Internet 的互联。将工业设备接入互联网络,在实现系统运行数据共享的同时,也为黑客提供了攻击底层网络的可能性。网络化控制系统运行的可靠性及数据安全等问题已成为当前科技工作者必须考虑和解决的重要问题之一。随着计算机网络、通信技术及芯片计算能力的快速发展,工业控制系统中的网络安全及安全控制问题已成为当前科研工作者必须面对和解决的问题。由于网络化控制系统中的网络安全问题深刻影响着控制系统的稳定性和动力学特性,所以工程技术人员在设计网络化控制系统的同时,需考虑命令传输和数据检测通道在发生网络攻击行为情况下系统的恢复控制能力。

　　针对网络化控制系统中大量出现的主动性攻击行为及相关策略,网络控制系统的主动防御及自身安全运行问题正面临着新的挑战。从发展来看,网络攻击与反攻击、系统防护与反防护相关的研究将长期共存。在发生网络攻击的条件下,研究网络化控制系统的安全性能及运行可靠性指标、检测系统中的异常行为,在异常情况下如何保持控制系统弹性稳定等问题,已成为广大工程师和科学技术人员关注的焦点。本书在考虑网络化控制系统中存在主动攻击行为的可能性,或控制系统本身出现异常的情况下,给出了如何实时检测系统中的异常行为并给出系统运行的可靠性指标,探寻网络攻击等异常情况下的弹性恢复控制策略。本书以几种不同形式的网络化控制系统为例,详细阐述了其数学模型及控制方法。考虑存在网络 DoS 攻击、数据注入、数据篡改、数据回放等一般性网络攻击行为的前提下,提出了对应的异常检测方法及弹性控制策略,并通过数学仿真的方法对控制和防护策略进行了验证。

　　全书内容分为 9 章。

　　第 1 章对网络化控制系统的概念进行了介绍,重点针对工业应用中基于现场总线和数据交换型的网络化体系结构做了描述,并对控制系统的安全运行问题进行了阐述。

第 2 章对网络化控制系统中的数据通信和网络相关技术进行了论述,详细阐述了节点间数据通信方式和组网方式对网络化控制系统的影响。

第 3 章针对工业自动化系统,给出了常用的几种网络体系结构,重点分析了节点间的数据传输模式,并对未来信息物理系统进行了详细阐述。

第 4 章在基于构建数据网络传输检测信息和控制指令的基础上,从数学模型角度分析了网络化控制系统的稳定性,从连续型控制系统和离散型控制系统去展开分析,重点阐述了控制器的设计方法。

第 5 章在考虑互联网、企业信息网络和控制网络相互融合的情况下,对发生在不同网络层面的具体攻击方法做了深入分析,并给出了一般性网络攻击行为的检测和预防策略。

第 6 章针对影响系统运行安全的设备故障、虚假数据注入及 DoS 攻击等行为逐渐成为自动化生产中必须面对的实际问题,在分析工业自动化系统中多个过程变量变化行为及系统运行特性的基础上,基于关联规则的 Apriori 数据挖掘算法,提出了一种能够及时发现系统异常运行的检测方法。采用过程变量的状态变化向量比对法,给出了控制系统在异常情况下与这些过程变量变化行为有关的相似度参数描述,定义了反映控制系统运行可靠程度的量化指标。

第 7 章在考虑发生虚假数据注入攻击行为的情况下,为了保持网络化控制系统的稳定性和被控参数的相对恒定,基于状态反馈提出一种能够实现被控物理参数无静差的 LQ 最优跟踪控制方法。通过将多进多出(Multiple Input Multiple Output,MIMO)对象建模为线性时不变的连续系统,基于无限长时间最优控制理论给出了保持系统稳定需满足的条件。采用积分控制和建立对象模拟器思想,针对数据注入攻击行为,提出了一种可恢复性闭环控制策略。该策略具有一定抗干扰能力,并能够抵消非法数据注入攻击行为的影响,短时间内能够使被控物理变量保持恒定。

第 8 章针对多跳路由网络化控制系统可能发生非法虚假数据注入行为的情况,研究了如何保持控制系统稳定的问题。在设计了一种多跳路由网络化控制系统架构的基础上,给出了路由网络中节点间数据的传输方式。通过将控制网络、检测网络和 MIMO 对象建模为一个广义对象,基于卡尔曼滤波器和状态反馈理论给出了多跳路由型网络化控制系统保持稳定需满足的条件。考虑到路由节点存在非法数据注入的可能性,系统中存在状态干扰和输出干扰的条件下,基于拟合优度检验法提出了一种异常行为的实时检测方法。在检测到数据注入行为情况下,采用轮询切换路径的方法提出了一种可实现系统弹性稳定的恢复性控制策略。这种异常检测方法能够实时检测针对系统中路由节点的数据注入行为,弹性控制策略可使控制系统从异常状态重新恢复到稳定状态。

　　第9章分析了数据回放和数据篡改等网络攻击行为对网络化控制系统运行稳定性及动态特性造成的影响。在以时间驱动方式构建网络化控制系统的基础上,建立了控制系统的数学模型,详细阐述了其传感器节点到控制器节点的数据传输方法。考虑到控制器节点可能遭受回放攻击的实际情况,通过向数据帧中添加时间戳和水印数据,在保证水印数据服从一定已知参数的高斯分布概率模型前提下,基于$\chi^2$拟合优度检验等相关策略,提出一种新的异常行为检测措施及主动防御方法,能够有效并快速地检测出针对控制器的回放攻击行为。

　　在本书撰写过程中,由于各方面条件和自身水平所限,本书整体结构、知识组成和有关表述可能存在许多不当之处,欢迎广大工程技术人员、科技工作者、教师、学生及各界人士批评指正。

**著　者**

2022 年 7 月

# 目　　录

# 第1章 网络化控制系统概述

## 1.1 网络化控制系统的概念及结构形式

控制系统是一种在工业生产和人类社会活动中广泛存在的体系结构。工业生产中的控制系统可解决某种产品在其生产过程中工艺参数的控制问题。为了取代人工劳动,工业控制系统经常以顺序执行的方式周期地完成对某种物理设备的控制,以解放人类的生产力。

工业过程控制系统是由执行装置、被控物理对象、检测仪表、控制仪表和过程监控组件共同构成的,以完成实时数据采集、工业生产流程监测控制的管控系统。各种控制装置和检测仪表之间通过实时相互传递信息的方式实现对被控物理对象输入参数的操作,以闭环形式完成对物理对象输出参数的有效控制,使与产品质量相关的工艺参数达到理想水平[1](见图 1-1)。

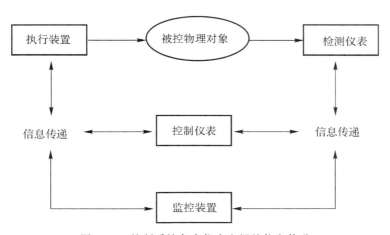

图 1-1 控制系统各个仪表之间的信息传递

网络化控制系统指的是在一个生产体系中,存在利用数字化网络传输信息的控制系统[2]。网络化控制系统中的数字化网络可分为分布在闭环控制系统外部的数字化网络和控制系统内部的数字化网络。外部网络是为了解决多个闭环控制系统之间或某个闭环控制系统与其监控网络之间的数据传输问题,而内部网络是为了解决闭环控制系统内部各个仪表之间为实现控制任务,需实时传递控制命令和检测信息的网络。图 1-2 为一个集成了两种数字化网络的控制系统结构。

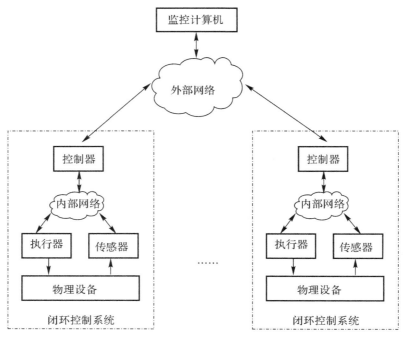

图 1-2 网络化控制系统的两层网络结构

从应用和控制理论角度分析,一个闭环控制的网络化控制系统可分为单边网络化控制系统和双边网络化控制系统。单边网络化控制系统指的是针对一个闭环控制系统,只有物理对象的检测信息通过网络传输,而控制器的输出数据采用直通的形式进行传输。双边网络化控制系统指的是闭环系统的控制命令和检测信息都是采用了网络的传输形式,如图1-3所示。由于控制命令和检测信息均要通过网络传输,为了区分两种不同的网络,本章将传输检测信息的网络称为检测网络,将传输控制命令的网络称为控制网络,两者都需要发送装置和接收装置进行数据的发送与接收。对于一个单输入单输出(Simple Input Simple Output,SISO)的物理对象来说,由于控制系统只需要控制一个被控变量,所以其控制网络和检测网络中的数据发送装置只需要传输一个维度的数据,即一个被控变量的数据。如果被控物理对象是一个 $p$ 维输入、$q$ 维输出的多维输入、输出对象(MIMO),则控制网络需要传输 $p$ 个数据变量、检测网络需要传输 $q$ 个数据变量。对于多维数据的发送,数据发送装置可分别采用同时发送或按照顺序依次发送的方式。同时发送多个数据需要多个信道同时传输,数据发送器将多个变量数据一次性发送给接收方。顺序发送方式是发送方将多个变量数据经数据打包后,以数据帧的格式将数据传输给接收方,接收方再按照次序依次接收多个数据变量。相比于顺序发送方式,同时发送方式具有速度快、传输延迟小的特点,可用于高实时控制要求的场合。

从广义角度来说,只要是控制系统中使用到数据传输网络均可称为网络化控制系统。

在物联网技术不断发展的情况下,网络化控制系统的规模已不再局限于某个区域或某个应用领域之间的互联。在万物互联已实现条件下,基于商业化网络运营公司传递闭环控制系统中的控制命令和检测信息,实现多个控制系统之间信息的传递已成为可能。

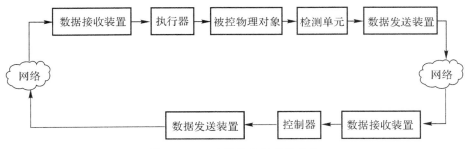

图 1 - 3　双边网络控制系统结构

实际上,网络化控制系统(Networked Control Systems,NCS)是一种全分布式、基于网络传输控制命令和检测信息的实时反馈控制系统[3-13]。一个 NCS 可看作某个区域内传感器、控制器、执行器和通信网络的集合,一个基于总线传输的网络化控制系统的结构如图 1 - 4 所示。该系统闭环的控制功能已下放到现场节点,通过现场智能设备运行控制算法并完成控制命令和检测信息的传输等任务。其中通信网络用以提供设备之间的数据传输,使该区域中位于不同地点的设备及用户可实现资源共享和协调操作。现代的网络化控制系统是一个综合计算、网络和物理环境的多维复杂系统,通过 3C(Computation,Communication,Control)技术的有机融合与深度协作,实现大型工程系统的实时感知、动态控制和信息服务。最近提出的信息物理系统(Cyber-Physical Systems,CPS)又是一种全分布式、基于网络传输控制命令和检测信息的新型的实时网络化控制系统[14-15]。一个工业应用中的 CPS 可看作某个区域内现场传感器、控制器及执行器和通信网络与信息系统的集合。其中通信网络用以提供设备之间的数据传输,使该区域中位于不同地点的设备及用户可实现资源共享和协调操作。

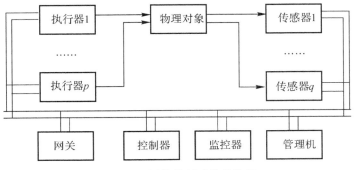

图 1 - 4　网络控制系统结构图

有的 NCS 将商业计算机网络应用于控制系统中,用于实现控制器与执行器、传感器与控制器之间的数据传输。许多网络化控制系统已广泛应用于工厂自动化制造、电力生产、化工过程、机器人、航天航空器和电气化运输(如新干线、磁悬浮列车等)[16-17]等领域。目前,计算机软件技术、通信技术与自动控制技术等多学科的不断发展和相互影响给网络化控制系统的进一步发展提供了技术支撑。NCS 在实际应用中将会发挥更大作用,并为许多应用领域带来新的活力和生机。随着相关学科的日益发展与最新技术的不断交叉渗透,网络化控制系统的结构会趋于复杂化,网络空间分布也越来越广泛,完成现场操作的控制和检测设备的功能也越来越强大。由于生产部门对控制系统的性能要求越来越高,所以控制系统已由传统的网络封闭体系逐渐向开放式发展,控制网络的概念不再局限于控制器与执行器、传感器与执行器之间的数据传输。更复杂的网络化控制系统正在不断地应用于自动化领域[18]。

# 1.2　网络化控制系统的发展历程

控制系统起源于 20 世纪 40 年代,早期以基地式仪表和继电器为主要控制装置实现系统的闭环控制功能。控制系统经历了模拟式仪表控制、微处理机的应用、简单数字通信阶段和大规模化网络化应用几个阶段。从国内外相关控制仪表和系统的使用情况来看,我国的工业控制系统的发展过程经历了单元组合仪表控制系统、集中控制系统(Centralized Control System,CCS)、分散控制系统(Distributed Control System,DCS)、工业现场总线为基础的总线型控制系统(Field Control System,FCS)四个阶段[19]。目前采用数字化传输网络构建网络化控制系统已成为控制领域的主要设计内容。

构建集中控制系统最初的目的是将多个闭环控制系统或设备进行集中管理。简单的集中控制系统只是使用了串口通信的功能。早期集中控制系统中的数字化网络只采用了一个RS485 接口,实现了一个上位机与多个下位机之间的主-从通信。作为主节点的上位机,其主要功能为通过依次与各个系统中下位机的通信,负责各个子控制系统工作状态的监控和管理。受限于主-从通信模式,最初的集中控制系统在某一时刻上位机只能与某一个下位机实时通信,上位机实现与所有下位机数据交换只能通过轮询的方式。这种通信结构只适合小规模控制系统,其网络扩展功能受限,网络结构没有深入到控制系统内部,本质上属于一种局部范围内的控制系统。

由于生产规模和复杂程度的不断提高和控制仪表数量的不断增多,原有的集中控制系统从管理角度来看显得滞后和烦琐。第三次科技革命之后,随着计算机技术的快速发展,人们开始尝试将大量计算机用于过程控制,试图利用计算机所具有的功能特点来克服常规模拟仪表的局限性。20 世纪 70 年代,计算机技术已日渐成熟,大规模集成电路及微处理器诞生后,人们开始思考是否能够将控制系统的运行风险进行分散,工程技术人员试图用多台计算机来完成集中监控和数据存储功能。集散控制系统也称分布式控制系统,是相对于集中控制系统而言的新型计算机控制系统,在系统功能实现方法上与集中控制系统完全不同。

集散控制系统为了体现"分散控制、集中管理"的特性,大量使用了信息处理技术、测量控制技术和人机接口技术。和集中控制技术不同,集散控制系统通过上层网络将多个计算机实现了互联,并将上层网络中的计算机按照工作性质的不同分为工程师站计算机、实时监控计算机和数据存储和数据服务计算机,这些计算机通过串行口与控制系统中的下位机实现数据传输。集散控制系统经历了不同的发展阶段,目前国内外自动化公司的产品都已具备了通过自动化行业中的标准通信协议构建局域网络功能。

现场总线型控制系统是新一代的自动化控制系统。现场总线型控制系统采用了三层网络结构,即最底层控制网络、中间层的企业局域网络和最高层的工业物联网。控制网络通过总线方式可实现一个控制系统中控制仪表、检测仪表和控制器之间的互联,以现场总线协议取代了传统 4～20 mA 之间的信息传输方式[20]。控制系统中控制器与传感器、控制器与执行器之间以现场总线方式传输控制命令和检测信息,这种传输方式不仅能够精确化指令数据,还可以节约大量的布线费用和维护成本。系统中的工程师站、监控计算机及数据服务器通过中间层的企业局域网实现工程师在线编程、值班人员实时监控和数据存储及转发功能。企业局域网通过网桥与底层现场总线网络互连,可使控制系统的底层数据进入局域网络,便于企业管理人员实时掌握控制系统的运行数据和能耗指标,为实现企业管理的科学化提供依据。企业局域网一般会通过路由器与外界物联网络互连,即第三层网络。现场总线型控制系统接入物联网,使得具有一定权限的工程技术人员通过远程操作实现对控制系统进行控制和管理。在工程技术人员不在系统运行现场条件下,通过一台接入物联网的计算机可实现对控制系统运行时间、运行参数的设定和实时数据的获取。目前流行的现场总线型控制系统有西门子的 PROFIBUS 和基于欧洲标准的 DEVICE - NET 等,许多自动化产品都已集成了具有这两种标准的总线接口。

工业控制系统除了过程控制系统以外,还有数据采集与监视控制系统(Supervisory Control And Data Acquisition,SCADA)、分布式控制系统(Distributed Control System, DCS)、可编程逻辑控制器(Programmable Logic Controller,PLC)等多种形式。目前这些系统已广泛应用于电力、水力、石化、医药、食品以及汽车、航天等工业领域,成为国家关键基础设施的重要组成部分。随着集成电路制造工艺的不断进步,计算机应用技术、通信技术的快速发展及我国工业化与信息化深度融合,工业应用中越来越多的控制设备、控制仪表和检测装置除了已有功能外,无一例外都向智能化、网络化方向发展,成熟的 IT 及物联网技术正在不断地被引入工业控制系统中。工业控制系统的控制功能,由原来作为闭环系统中唯一计算单元的控制器实现,正逐步转化为由具有智能计算和通信功能的智能化传感器、执行器节点共同完成。许多工业仪表在具备已有功能的同时也具备了完全的网络互联功能。基于工业以太网、企业信息网、Internet 及 5G 通信标准等功能一体化为基础构建分式、复杂化网络化测控系统正逐步成为当前控制系统设计的主流。这种集控制网络、管理网络一体化的工业应用系统不仅可以节约企业的生产成本,降低工作人员的劳动强度,还可极大地提高企业的管理和运行效率。

# 1.3　网络化控制系统的安全问题

近年来,与网络化控制系统相关的技术发展迅速,部分先进技术已被应用于复杂的控制领域,如远程医疗、机器人远程操控、远程教学和试验、智能汽车系统等[21]。把网络应用到工业控制系统能够使生产企业资源共享、系统易于扩充、维护方便和管理灵活性强等。然而,传统相对封闭和独立的控制系统加入网络功能后不仅增加了系统的复杂性,还带来了诸多的安全隐患[22]。由于设计传统工业控制系统时仅重视系统功能的实现,对系统的运行安全及可靠性缺乏进一步考虑,这就使得设计的网络控制系统难免会存在不少危及系统安全的漏洞和配置问题。由于这些安全漏洞和系统脆弱性等问题的存在,整个控制系统有可能被外部黑客所入侵,恶意攻击者可通过网络破坏系统的正常运行,以达到其非法目的。入侵者轻则窃取企业的敏感信息,重则干扰系统的正常运行,或者破坏控制系统中的相关设备并造成严重的安全事故[23]。生产企业和控制系统对网络的依赖程度越大,其网络安全问题所产生危害的可能性就越大。

网络控制系统所面临的网络入侵、故障、攻击等威胁不但影响控制系统本身的运行,还会对企业自身生产、居民的生活环境、社会经济发展等问题产生严重影响。2001 年,由于内部工程师的多次网络入侵,澳大利亚昆士兰 Maroochy 污水处理厂发生了 46 次不明原因的控制设备功能异常事件,导致数百万升的污水进入了该地区供水系统,给当地居民的生活带来了极大的干扰和不便[24]。2010 年 9 月 26 日,据伊朗媒体报道,伊朗在建的布什尔核电站遭受了"震网"病毒的攻击。这种病毒直接控制了该核电站 1/5 的核燃料离心机的运行,使得相关设备遭到了不同程度的损毁。有关文献指出,作为世界上第一个网络超级破坏性武器,"震网"病毒已经感染了全球超过 45 000 个网络,其中伊朗遭受的网络攻击最为严重[25]。根据微软公司的安全漏洞公告和西门子公司向外界公开的报告,"震网"病毒利用了微软 Windows 操作系统中的 5 个漏洞(其中包括MS10 - 046、MS10 - 0612 个零日漏洞和 2个尚未修复的提权漏洞)和西门子工业控制系统组态软件的 2 个漏洞,通过盗用了 Realtek和 JMicron 公司的多个数字签名,顺利地绕过了防护软件的检测。获得网络授权后,"震网"病毒针对性地寻找指定的西门子硬件设备并攻击工业控制系统运行中的软件,以控制执行设备的动作。"震网"病毒发动攻击作用时现场工作人员却无法通过监控软件获得执行设备的真实运行状态[26-27]。

我国某些工业应用中的控制系统同样也遭受着由于信息安全漏洞和网络攻击问题而引起的困扰。如 2010 年中国石化齐鲁石化公司、2011 年大庆石化公司炼油厂,某些控制系统中的有关装置分别感染了 Conficker 病毒,造成了控制系统服务器与控制器之间通信不同程度的中断[28],严重影响了企业自身的安全生产。除对工业控制系统的直接恶意攻击外,非法获取商业信息、工业生产数据等也是近年来入侵工业控制系统的常见现象。例如,2011

年出现的 Night Dragon 病毒可以从能源和石化公司窃取到诸如油田投标及 SCADA 运作这样敏感的数据[29]。2018 年 8 月 3 日晚间,我国台湾半导体巨头台湾积体电路制造股份有限公司突然遭遇了一场大规模的病毒袭击[30]。该公司位于台湾新竹科学园区的 12 in(1 in＝2.54 cm)晶圆厂和营运总部生产线全数停摆,造成直接经济损失 2.5 亿美元。造成这些事故的主要原因是设计工业控制系统时存在弱点,即工业控制系统的设计开发未将系统防护、数据保密等安全指标纳入其中。

　　针对工业控制系统的特点、自身脆弱性以及所可能面临的各种网络安全威胁因素,在工业控制系统的安全体系架构设计、工业控制系统的网络安全、数据安全、工业控制系统的运维与管理等方面需要进行综合、全面的考虑。2011 年 9 月 29 日,工业和信息化部编制下发《关于加强工业控制系统信息安全管理的通知》(工信部协〔2011〕451 号)文件明确指出,工业控制系统中的信息安全面临着严峻的形势,要求切实加强工业控制系统信息安全管理[31]。2017 年 12 月 29 日,工业和信息化部又在印发的《工业控制系统信息安全行动计划(2018—2020 年)》通知中,要求加快我国工业控制系统信息安全保障体系建设,提升工业企业的工业控制系统信息安全防护能力,并促进工业信息安全相关产业的发展[32]。随着我国计算机和网络技术的全面提升、信息化与工业化的深度融合及物联网技术的快速发展,许多工业控制系统产品将会越来越多地采用通用协议、模块化硬件和大众化的开发软件。网络化的快速发展又将系统嵌入式技术、多标准工业控制网络互联、无线技术等新兴技术融合进来,大大拓展了工业控制技术发展空间,与工业控制系统有关的信息和网络安全问题逐渐上升为作为国家战略性问题。科技工作者在设计网络控制系统过程中必须考虑网络安全问题对控制系统的影响,必须考虑系统中的控制网络和检测网络受到网络威胁或网络攻击下该控制系统是否仍然能够保持稳定运行的问题。研究安全的、可靠的、具备一定抗网络攻击能力的新型网络化控制系统是当前科学研究工作者必须面对和解决的一个问题。

# 第 2 章　控制系统中的数字通信技术

数字通信指的是数据发送方通过某种介质将一个或多个信息从一个地点、一个设备传送到另一个地点或设备的过程。典型的数字通信模型如图 2-1 所示。信息发送方称为发送节点,接收信息的一方称为数据接收节点,传输介质称为信道。

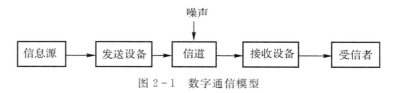

图 2-1　数字通信模型

发送节点发出的信息一般是具体的、具有一定含义且可量化描述的物理参数,如工业生产中常使用的温度、压力、流量和物位等具体数值的大小。这些物理参数需通过发送节点的处理器将一个或多个信息封装成数据包的形式,以数据流的方式通过信道传输给接收设备。接收设备的处理器收到该数据包后再通过解码的方式解析出所包含信息的具体数值大小。传输信道可分为有线和无线两种形式,这两种传输方式在数据传输过程中均可受到来自外部环境和附近节点的影响,信道噪声会对传输的数据流产生负面影响,有可能造成接收数据的错误。数据接收设备在接收到一个完整的数据包后需校验接收数据的正确性。信道一般具有一定的信道容量,信道容量常以信道带宽的形式给出,即单位时间内允许通过的比特数。

## 2.1　数字通信的基本方式

### 2.1.1　并行通信与串行通信

并行通信是指数据发送方以成组的方式利用多个并行信道同步传输数据。一组数据通常通过 8、16 或 32 个信道传输一个字节、字或双字数据。每组数据传送时,发送方通过一个附加的“选通”和“锁存”信号线通知接收端完成该组数据的锁存,作为双方的同步之用,图 2-2 给出了两个节点间数据并行传输的基本方式。

两个节点间一个具体的数据收发接口如图 2-3 所示,该图给出了处理器与存储器芯片之间的并行数据通信方式,数据收发双方需同步传输的数据包括 16 位地址数据和 8 位数据信息。在每次数据传输的过程中,数据收发双方通过读(RD)、写(WR)信号实现数据发送与接收的同步。处理器发送地址和数据信息时,首先将 16 位地址数据和 8 位数据位信息置位于总线上,然后在 WR 信号给出下降沿以指示存储器已发送出数据,存储器在该信号变化为上升沿后锁存数据。处理器从存储器读取数据时,将 16 位地址数据信息置位于总线上,然后在 RD 信号给出下降沿指示存储器已发出读信号,存储器在该下降沿的指示下依次将地址线所对应的数据置位于 8 位数据总线上,处理器在 RD 信号的上升沿锁存该数据。

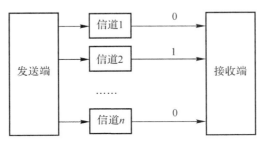

图 2-2　数据的并行通信方式

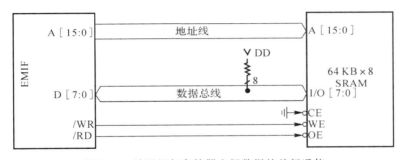

图 2-3　处理机与存储器之间数据的并行通信

　　并行通信具有通信速度高、数据吞吐量大的特点,且通信双方不必考虑字节同步问题,一般适用于距离较近时的数据传输。同一电路板上不同芯片之间、计算机内部不同板卡和不同设备之间通常采用并行通信方式。并行通信一般不会用于长距离的数据传输,主要是因为在长距离的数据传输中,多个传输信道的铺设带来通信成本的大量增加,长距离通信情况下一般会采用串行通信的方式。

　　串行通信是指数据流在一个信道上以二进制比特位依次传输的方式实现一个数据包的传送。串行通信易于实现,布线成本低廉,可用于长距离的数据传输。图 2-4 给出了两个节点间数据串行传输的基本方式。串行通信中的数据一般是以字节为单位组织的。为了使接收方能够以字节方式接收数据,发送方在每次发送一个字节时需加上同步字符。同步字符一般为字节的起始位和停止位。起始位用于通知接收方一个字节的开始,停止位用于通知一个字节的结束(见图 2-5)。通过起始位和停止位的字节同步过程,数据接收端可按照发送方所发送码元的约定频率来接收数据,使得收发双方在时间基准上保持一致。衡量通信双方数据传输快慢的指标是波特率,即单位时间内传输的比特数。

　　采用串行总线的通信过程具有通信线路少,布线简便易行,施工方便,结构灵活的显著特点。数据收发双方可自定义通信协议,自由度及灵活度较高。串行通信可用于在多个电子设备间组成通信网络,在工业生产及自动控制等诸多领域的应用越来越广泛。

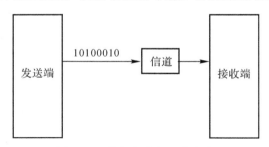

图 2-4　数据的串行通信方式

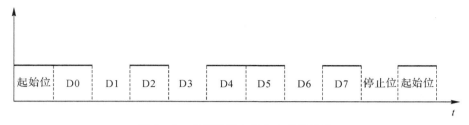

图 2-5　串行通信中单个字节的发送

## 2.1.2　串行通信的同步传输与异步传输

串行通信的双方发送与接收一个比特(bit)是需要在某一时钟信号的触发下实现的。也就是说,在数据发送端和接收端均需一个固定周期的时钟信号来完成比特位的发送与接收。串行通信的同步传输指的是发送端在向线路上发出数据信号(data)的同时,需要向数据接收方提供一个同步的时钟信号(clk)线。数据接收方在这个 clk 信号的触发下依次接收比特数据。图 2-6 和图 2-7 分别给出了串行通信同步传输的连接和时序图。

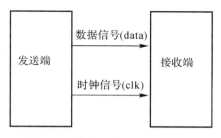

图 2-6　串行通信中的同步传输

串行的同步传输一般采用单向的数据发送方式,且严格要求数据接收方的接收时钟相位与数据发送方完全一致。为了保证数据收发双方时钟相位的一致性,双方除了连接数据线外,还需将时钟线物理性地连接到一起。图 2-5 给出了数据单向传输的示意图,在同步时钟 clk 的触发之下,发送方和接收方基于该时钟依次按比特发送和收发数据。图 2-7 给出了一个字节的同步传输时序,在空闲情况下,data 和 clk 均保持高电平不变化。开始发送数据时,在 clk 的一个下降沿发送端首先给出起始位,使数据线 data 保持一个周期的比特位"0",然后在同步时钟的触发下依次发送一个字节的各个比特数据 D0～D7。发送完停止位"1"后,使数据线 data 再保持为高电平状态。接收方在每个 clk 时钟的上升沿锁存每一位比特数据,直到一个字节的结束。

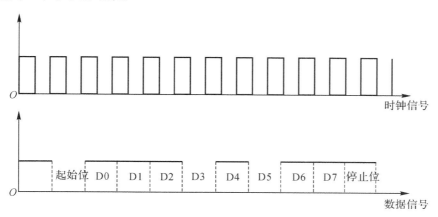

图 2-7　串行通信中的同步传输时序图

　　串行通信的异步传输方式指的是数据收发双方均采用各自的时钟进行比特位的发送与接收。数据收发双方在分别拥有各自时钟的情况下,其相位很难保持一致,即两个时钟工作在"异步"状态。异步通信一般可用于全双工(full-duplex)或半双工(half-duplex)的数据通信方式,收发双方通过数据线 Tx 和 Rx 双向传输数据(见图 2-8)。图 2-9 为发送端发送数据和接收端接收数据的时序图,从图中可以看出,发送时钟和接收时钟虽然频率值一样,但二者存在一定的相位差。没有数据传送时,数据线 Tx 保持高电位"1"不变化。当发送端需要发送数据时,首先在发送时钟下降沿的触发下发出一个"0"的起始位通知接收端开始接收数据。对于接收端来说,数据线长期保持为"1"认为没有数据传输。如果接收时钟的某个上升沿检测到"0",会认为起始位的开始,随后在每个时钟周期的上升沿依次读取一个字节的所有位数(即 D0～D7)。经过停止位后再接收下一个字节的数据。发送时钟和接收时钟虽然存在一定的相位差,但由于发送时钟在下降沿发出数据,而接收时钟在上升沿读取数据,所以接收端读取到的数据位总是和发送端发出的数据位是一致的。

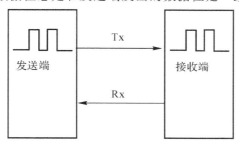

图 2-8　串行通信的异步双向传输

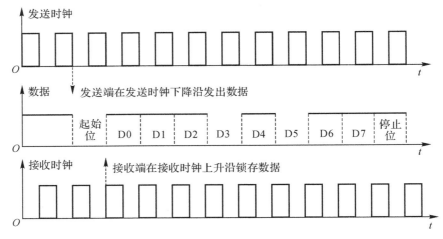

图 2 - 9    串行通信的异步传输时序

# 2.2    数 据 编 码

计算机网络中各个节点间的通信任务实际上是传送具有某种特定含义的信息过程，这些信息可以是控制命令、检测信息或具体代表特殊含义的数据。这些信息通常以离散的二进制序列表示，即用一定长度的"0""1"比特位串来表示信息。每个比特位称为一个"码元"，即"码元"是计算机网络中传输数据的基本单位。数据编码是指网络系统中以哪种物理信号的形式来表达传输数据中的比特信息。如果采用某种模拟信号不同幅度、不同频率、不同相位来表示传输数据的"0""1"状态的，称为模拟数据编码。如果用某种具有一定高低电压值的矩形脉冲信号来表达数据"0""1"比特数据流，称为数字数据编码[33]。采用数字编码方式，直接传送数字信号的传输方式称为基带传输。基带传输可以达到较高的数据传输速率，是目前广泛使用的一种数据通信方式。基带传输中常用的数据编码方式有以下几种。

**1. 单极性码**

信号电平是单极性的，即逻辑"1"用某种数值的高电平电压表示。逻辑"0"用低电平表示。代表"1"和"0"的模拟电压值只有一个极性。一般用＋5 V电压值表示逻辑"1"，0 V电压值表示逻辑"0"。

**2. 双极性码**

信号电平是双极性的，即逻辑"1"用某种数值的高电平电压表示。逻辑"0"用低于 0 电位的负电压表示。代表"1"和"0"的模拟电压值具有两个极性。如用＋5 V电压值表示逻辑"1"，－5 V电压值表示逻辑"0"；

**3. 归零码和非归零码**

归零码指的是在每一位二进制信息传输之后均返回零电平的编码，即归零码码元中的信号回归到零电平。在归零码中,任意两个码元之间被零电平隔开,这是它的一大特点,因此它的应用是比较广泛的。非归零码遇逻辑"1"则电平翻转,逻辑"0"时不变。图 2 - 10 给出了归零码和非归零码的传输方式。

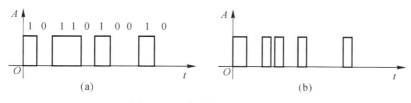

图 2 - 10  归零码与非归零码

(a)单极性非归零码;(b)单极性归零码

**4.曼彻斯特编码**

曼彻斯特编码(Manchester Encoding),也叫作相位编码(Phase Encode,PE),是一个同步时钟编码技术,计算机网络的物理层使用该编码一个同步位流的时钟和数据。曼彻斯特编码是一种常用的基带信号编码形式,目前被用在以太网媒介系统中。曼切斯特编码的每个比特位在时钟周期内只占一半,当传输"1"时,在时钟周期的前一半为高电平,后一半为低电平,而传输"0"时正相反。这样,每个时钟周期内必有一次跳变,这种跳变就是位同步信号。实际上,二进制序列在收发过程中,该时钟能使网络上数据的收发节点保持同步。在曼彻斯特编码中,时间被划分为等间隔的小段。其中每小段作为时钟周期代表一个比特的传输时间。前半个时钟周期所传信号是该时间段传送比特值的反码,后半个周期传送的是比特值本身(见图 2 - 11)。可见,在一个时钟周期内,其中间点总有一次信号电平的变化。因此携带有信号传送的同步信息而不需另外传送同步信号。在每个时钟周期的下降沿,如果发送逻辑"1",则在数据线上产生上升沿的变化,如果发送逻辑"1",产生下降沿的变化。

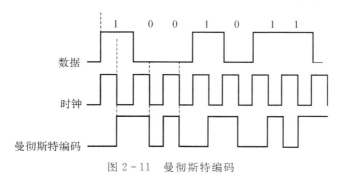

图 2 - 11  曼彻斯特编码

**5.模拟数据编码**

模拟数据编码采用模拟信号来表达二进制逻辑"0""1"的状态。模拟信号的幅值、频率和相位等参数值可表示不同的逻辑信息。通过改变这三个参数,实现模拟数据编码。幅值键控(Amplitude-Shift Keying,ASK)、频移键控(Frequency-Shift Keying,FSK)、相移键控

(Phase-Shift Keying,PSK)是模拟数据编码常用的三种编码方法。

幅值键控是一种最简单的数字调制技术,通信数据中不同的二进制信息将被直接调制成载波的不同振幅,而载波的频率和相位保持不变。若一个载波的数学描述为

$$f(t) = A\cos\omega t \qquad (2-1)$$

其中:$\omega$ 表示载波的频率;$A$ 表示载波的幅值。调制后的波形可通过一个乘法器来实现,即

$$y(t) = a_n A\cos\omega t \qquad (2-2)$$

当数据发送端发出不同的二进制信息时,若 $a_n$ 取不同的数值,则调制后的波形 $y(t)$ 会有不同的幅值输出。特别地,当 $a_n$ 取数值 0 时,这种调制方式称为开关键控方式(On-Off Keying,OOK)。这种情况下,载波处于"开"和"关"的通或断的状态。

频移键控是一种将数字信号"1"和"0"分别调制为两种不同频率的模拟信号。这两种信号除了频率不同外,幅值和相位均保持同一数值。一般地,二进制"0"对应的频率较大,"1"对应的频率较小。工业仪表常用的现场总线 Hart 通信标准就是采用了频移键控的通信方式。

在相移键控方式中,被调制后信号的相位随着调制信号而变化。不同数字信号"1"和"0"分别被载波信号调制为不同的相位值,通常是 0°相位和 180°相位。调制后两种信号的幅度、频率保持不变。图 2-12 是通信系统中常用的模拟数据编码的调制后波形。

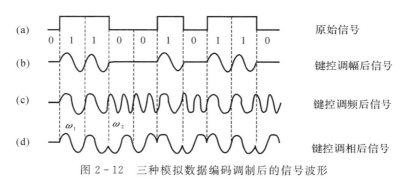

图 2-12 三种模拟数据编码调制后的信号波形

# 2.3 数字通信中的差错控制

控制系统和计算机网络中节点之间数据的收发是采用串行通信的方式实现的,而这种串行通信又是以异步方式实现的。为了实现数据的双向传输,通信收、发双方节点一般采用半双工(half-duplex)和全双工(full-duplex)的通信方式实现数据的传输。由于一般的控制和计算机网络中传输的信息往往需要一定量的数据来表达,在两个节点间的一次数据传输任务中常常会传送多个字节的数据。通信系统中的发送节点会将具有一定量的数据以字节(byte)的形式封装成数据帧的形式进行传输。发送节点发出的数据帧中包含的字节数称为该数据帧的长度。

在一个基于数字传输网络构成的控制系统中,某一数据接收节点收到的数据帧是否和发送节点发出的原始数据帧完全一致是一个非常重要的问题。在数据传输过程中,出现一位或多位码元的错误都可能给控制系统的运行带来不可预计的损失。为了保证收、发节点发送和接收数据帧的一致性,需设计一定的差错控制技术,即在通信过程中需要一定的纠错策略来保证数据接收方得到数据的正确性。

## 2.3.1  基于字节的奇偶校验

最简单的校验技术是基于字节的奇偶校验(Parity Check)。数据发送端在发送的每个字节中添加一个比特位用作接收端的奇偶校验位,即每个字节数据按照 11 个数据位进行传输(见图 2-13)。这 11 个数据位包括 1 个起始位、8 个数据位、1 个奇偶校验位和 1 个停止位。若通信双方约定的校验方式为"奇校验",发送方需保证发送出的 8 个数据位和奇偶校验位中"1"的总数为奇数。发送方需首先判断需要发送所有数据中每个字节中"1"的个数是奇数还是偶数。如果是偶数则将奇偶校验位置"1",否则将奇偶校验位置"0"。数据接收方接收到每个字节后会判断该字节和奇偶校验位中"1"的奇偶性。如果"1"的个数为奇数表示该字节接收正确,否则表示接收错误。

| 起始位 | D7 | D6 | D5 | D4 | D3 | D2 | D1 | D0 | 奇偶校验位 | 停止位 |
|---|---|---|---|---|---|---|---|---|---|---|

图 2-13  一个传输字节的 11 个比特位

奇偶校验方式能够检测出每个字节在串行传输过程中发生的奇偶错误,即能够检测出数据在传输过程中发生奇数个比特错误。对于同时发生一定量的偶数个比特错误存在一定的漏检率。

## 2.3.2  多个字节的校验技术

基于字节的奇偶校验过程需要接收方每次接收到一个字节后进行字节奇偶性的判断,奇偶判断算法会延缓数据接收过程。数据接收量越大,这种接收延迟也越大。鉴于串行数据传输一般会以数据帧的形式传输多个字节,在一定数据量字节后加上部分校验字节可进行接收数据正确性的判断(见图 2-14)。在数据发送端,在确定具有一定字节数量的传输信息基础上,处理器会基于某种算法产生多个校验字节,即校验字节的产生依赖于校验字节生成算法和信息数据。在数据接收端,为了验证接收到信息数据的正确性,接收数据帧的处理器会通过校验算法和校验字节确定接收到信息数据的正确性。常用的校验算法有累加和校验(Cumulative Sum Check)和循环冗余校验(Cyclic Redundancy Check,CRC)。

| 多个字节的信息数据 | 校验字节 |
|---|---|

图 2-14  多个字节的信息数据和校验字节构成一个数据帧

  累加和校验是将所有需要传输的信息数据进行累加,去掉进位后再与 0xff 进行"与"操作后得到的字节作为校验字节,即校验和。图 2-15 给出了累加和校验字节的产生方法。在图 2-15 中,发送端期望发送 5 个字节的信息数据,这 5 个字节分别为 0x92,0x34,0x56,0xf8 和 0x2f。通过对这 5 个字节计算求和后,得到的值为 0x243。去掉进位后,与 0xff 进行"与"操作后得到的字节为 0x43,即发送端将 5 个信息数据与字节 0x43 一起发往数据接收端。接收端收到 6 个字节后,首先对前 5 个字节进行求和运算,然后再与 0xff 进行"与"操作。如果计算结果与接收到的第 6 个字节相同,可认为正确接收了信息数据,否则认为接收端在信息数据接收过程中出现了错误。

$$
\begin{array}{r}
1\,0\,0\,1\,0\,0\,1\,0 \\
0\,0\,1\,1\,0\,1\,0\,0 \\
0\,1\,0\,1\,0\,1\,1\,0 \\
1\,1\,1\,1\,1\,0\,0\,0 \\
+\,0\,0\,1\,0\,1\,1\,1\,1 \\
\hline
1\,0\,0\,1\,0\,0\,0\,0\,1\,1
\end{array}
$$

图 2-15 基于累加和生成校验字节

  循环冗余校验是另外一种基于多个字节的校验策略,CRC 是一种根据网络数据包或计算机文件等数据产生简短固定位数校验码的一种信道编码技术,主要用来检测或校验数据传输或者保存后可能出现的错误[34]。它是利用模二除法及余数的原理来做错误检测的。CRC 可以高比例地纠正信息传输过程中的错误,可以在极短的时间内完成数据校验码的计算过程。由于 CRC 算法检验的检错能力极强,且检测成本较低,所以在对于编码器和电路的检测中使用较为广泛。从检错的正确率与速度、成本等方面,CRC 算法校验都比奇偶校验等校验方式具有优势。目前 CRC 检验已成为计算机信息通信领域最为普遍的校验方式。

  CRC 校验方法是将要发送的二进制比特序列与一个多项式 $f(x)$ 对应起来,即将该二进制序列与 $f(x)$ 的系数建立一一对应的关系。采用 CRC 校验通信的双方需提前约定一个生成多项式 $G(x)$,该多项式用于与 $f(x)$ 进行模二运算,产生相应的 CRC 校验码。数字通信中经常用到的生成多项式 $G(x)$ 见表 2-1,目前已被列在多个国际标准中。

表 2-1 数字通信中常用的生成多项式

| 名称 | 生成多项式 |
|:---:|:---:|
| CRC-12 | $G(x)=x^{12}+x^{11}+x^{3}+x^{2}+x+1$ |
| CRC-16 | $G(x)=x^{16}+x^{15}+x^{2}+1$ |
| CRC-CCITT | $G(x)=x^{16}+x^{12}+x^{5}+1$ |
| CRC-32 | $G(x)=x^{32}+x^{26}+x^{23}+x^{22}+x^{16}+x^{12}+x^{11}+x^{10}+x^{8}+$ $x^{7}+x^{5}++x^{4}+x^{2}+x+1$ |

与累加和校验类似，数据发送方需产生 CRC 校验码，并将该校验码和二进制序列一起发送给数据接收方。数据接收方基于生成多项式和接收到的二进制序列即 CRC 校验码验证接收到的二进制序列的正确性。发送方首先用生成多项式 $G(x)$ 去模二除发送序列对应的发送多项式 $f(x)$，求得一个余数多项式。发送端发送二进制序列时需将余数多项式对应的序列和 $f(x)$ 对应的序列一起发给接收端。产生 CRC 校验码的模二运算过程如图 2 - 16 所示。

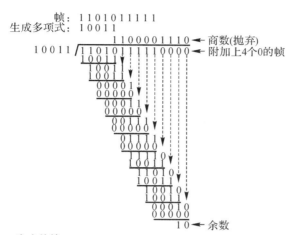

帧：1101011111
生成多项式：10011

图 2 - 16　CRC 校验产生方法

图 2 - 16 中的计算过程中生成多项式 $G(x) = x^4 + x + 1$，发送端发送的信息二进制序列为"1101011111"。其中 CRC 产生过程包含以下三个步骤。

（1）假设 $G(x)$ 的阶数为 $r$（图 2 - 16 中的取值为 4），在数据帧的低位端加上 $r$ 个"0"，使得该帧包含有 $m+r$ 位，对应多项式为 $x^r f(x)$。

（2）利用模二除法，用对应于 $G(x)$ 的位串去除对应于 $x^r f(x)$ 的位串。

（3）利用模二减法（即异或运算），从对应于 $x^r f(x)$ 的位串中减去余数，循环运算完发送序列的所有二进制位数，结果就是 CRC 校验序列 $T(x)$。

在图 2 - 16 中，数据发送方经过 10 次模二运算后得到 CRC 校验码序列"0010"，当发送 10 位信息序列时，需将该校验码加到信息序列中形成一个数据帧一起发送出去。数据接收方收到一个数据帧后，用同样的算法验证接收数据的正确性。不同点在于，数据接收端不再需要补 $r$ 个 0 进行计算，而是直接将接收到的、包含 CRC 校验码在内的序列参与模二运算。如果模二运算后得到的余数为"0"表示接收到的二进制序列为正确的数据信息，否则表示接收到的数据在传输过程中发生了错误。

### 2.3.3　错误重传技术

错误重传技术指的是通信双方在数据传输过程中出现信息错误的情况下的一种处理技术。错误重传旨在确保通信双方在发生数据帧接收错误的情况下，如何通过数据的重新传送保证接收端能够正确接收到有效数据。由于工业通信网络中的数据相比于信息网络更显重要性，错误重传技术在网络化控制系统中具有非常重要的意义。本质上，数据重传是通信协议的一种，数据收发双方采用对应的通信机制可保证数据接收方接收数据的正确性。

一种简单的基于停止-等待的数据重传协议如图 2-17 所示，该流程图给出了一个发送节点向数据接收方发送一个数据帧的具体过程。首先发送节点将需要发送的数据帧封装成一个数据包（数组或队列），然后采用串行通信的方式将该数据帧发送出去。发送节点发出该数据帧后，会启动发送定时器计时等待数据接收方返回的应答帧。在规定的时间内，如果发送节点没有收到数据接收方返回的具有确认性质的应答帧，会认为该数据帧没有被接收方接收到。这种情况下，发送节点会启动再次发送数据帧的工作，即数据的重新传输过程。重新传输 N 次后，若发送方仍然没有收到返回的确认应答，发送方将认为通信信道出现了问题，结束数据发送进程。

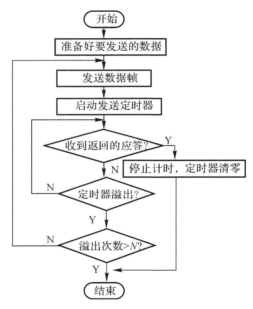

图 2-17　采用重传方式的数据发送流程图

数据的接收过程如图 2-18 所示，该接收过程一般为数据接收端的中断服务程序。接收到一帧数据后，接收节点需判断接收到的数据帧是否在接收过程中发生了错误。利用接收到的 CRC 校验字节，接收节点可判断出收到的数据是否是发送端发出的原始数据。经过CRC 校验，如果得到的校验和为 0，说明接收到了正确的数据，此时接收端会向发送端返回一个确认的应答帧。若 CRC 校验错误，则不返回任何信息。

错误重传技术通过接收方向发送方返回的应答信息确认接收方是否已完全接收到了数据，数据发送方依据该应答信息确定下一步是否再次发送数据帧。通过数据的多次重传，保证收、发双方数据通信的可靠性。

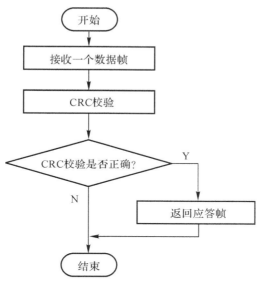

图 2-18 采用重传方式的数据接收流程图

# 2.4 主-从通信结构和令牌总线技术

点对点的通信方式只适合在两个数据终端之间实现数据的传输。在网络节点规模有限的条件下,可采用主-从通信方式。主-从通信方式的物理层结构可采用 RS-485 总线结构实现简单的网络互连功能,网络中的各个节点之间均可实现数据传输功能。图 2-19 和图 2-20 分别给出了主-从节点通信方式的物理结构和逻辑结构。

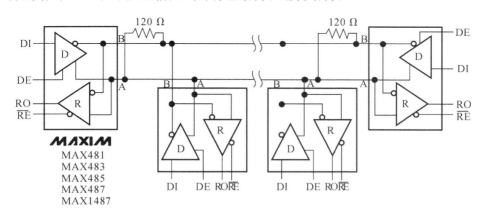

图 2-19 采用 RS485 通信方式的互连网络

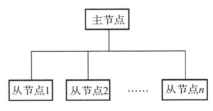

图 2 - 20  主-从通信方式的逻辑结构

在一个以主-从模式构建的网络体系结构中,逻辑上只存在一个主节点,其他节点为从节点。主节点和各个从节点都应分配不同的节点地址,用于标识自身在网络中的位置,在此基础上实现主节点与不同从节点之间发送和接收各自信息。主节点和从节点之间的通信模式可分为广播模式和非广播模式。在广播模式下,主节点处于发送态,从节点处于接收态,主节点可一次性向所有从节点发送相同的数据信息。在非广播模式下,主节点可按照从节点的不同地址与某一从节点进行数据交换。在某一时刻,主节点只能和一个从节点建立连接实现数据的交换。在这种情况下,主节点要与多个从节点实现数据交换只能采用分时间段进行的方式,即主节点通过轮询各个从节点完成数据交换任务。而不同从节点之间的数据交互只能通过主节点以中继的方式来实现。

主-从结构的通信方式只适合一个主节点与一定数量的从节点之间存在大量数据收发的特殊情况。对于网络规模较大,且网络中任意节点之间都有数据收发需求的情况下,采用主-从结构的通信方式实现数据交互其效率较低,采用令牌总线的逻辑结构可大大提高节点之间的数据传输效率。令牌总线的物理层结构仍然采用基于 RS - 485 的总线结构,在逻辑上形成一个基于令牌环的网络结构,如图 2 - 21 所示。

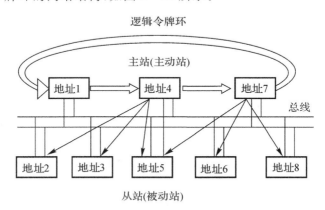

图 2 - 21  令牌总线网络的逻辑结构

令牌总线网络中的节点分为主站节点和从站节点。不同主站节点之间的数据通信称为"主-主通信",主站与从站之间的通信称为"主-从通信"。一个令牌总线网络中可以拥有不同数量的主站和从站。主站与主站之间的通信方式为"点对点"通信方式,即在某个时间段内,只能在两个主站之间进行数据交互。主站与其所属从站之间的通信方式为轮询方式,即主站与其所属各个从站之间的数据交互是按照各从站地址顺序依次实现的。为了使得网络中的任意节点之间实现数据的收发,各个主站之间依靠"令牌传递"实现整个网络信息的交互。在某个固定的时间段,拥有"令牌"的某一主站节点可按地址顺序依次以"轮询"的方式与所属从站实现信息交互。拥有"令牌"的主站完成与其所有从站信息交互后,将"令牌"按照网络中的主站地址顺序传递给下一个主站节点。正是由于"令牌"在各个主站之间周而复始、周期地进行传递,所以整个令牌总线网络中的所有节点具有了彼此信息交互的能力。

# 2.5　基于数据交换的通信技术

基于令牌总线的网络体系结构只适合小规模的通信网络。当网络节点数增加到一定数量时,节点间数据交互的实时性将会变差,基于令牌总线网络构建控制系统时,在控制实时性要求较高的情况下,其控制特性不会得到有效保障。采用数据交换方式的网络体系结构可大大提高网络中节点之间的通信效率。一个基于数据交换的网络结构如图 2-22 所示。

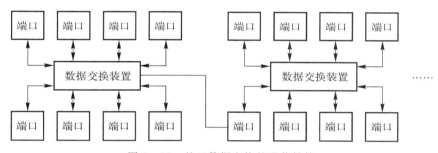

图 2-22　基于数据交换的通信结构

数据交换网络中的节点通过数据交换装置(即数据交换机)将发送节点发出的数据帧进行转发。数据交换装置一般为具有高速运算能力的智能化设备,能够在一定带宽范围内为各个端口提供一定的数据转发能力。数据的转发过程与节点的物理地址(又称 MAC 地址)和交换设备上的端口号有关。数据交换机上运行的数据交换算法基于端口映射表实现数据帧在不同物理端口之间数据的转发。端口映射表记录了接收到某一数据帧中的节点目的物理地址与本交换机物理端口的对应关系。某个数据交换装置的端口映射表见表 2-2。端口映射表的建立依赖于每个端口接收到数据帧中的原地址与物理端口的绑定关系。一个物理端口可对应多个目的地址,但一个地址只能对应一个端口。每个物理端口接收到一个经CRC 校验正确的数据帧后,将该帧数据存入对应的 FIFO 缓存区后,在保持一定通信速率的前提下,向处理器发出接收到数据帧的中断请求信号,帧接收计数器加 1,然后等待处理器的数据转发。处理器将一个数据帧转发结束后,帧接收计数器将会减 1。交换机内部的处理器始终优先接收帧计数器值最大的端口转发数据。

表 2 - 2 数据交换机中的端口映射表

| 数据帧目的地址 | 对应端口号 |
| --- | --- |
| 0x0134893e9845 | 1 |
| 0x9823458f487d | 1 |
| 0x5698237990f8 | 2 |

数据交换机的物理端口直接与网络中的通信节点相连接,用于数据的收发。节点与交换机的通信方式为全双工差分方式。网络中的一个节点与数据交换机一个物理端口的连接方式如图 2 - 23 所示。

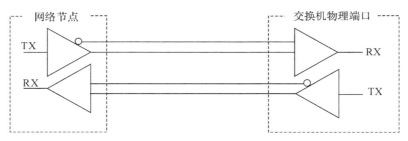

图 2 - 23 网络节点与数据交换机端口的连接

采用数据交换的通信方式与总线型方式相比,每个节点与交换机之间都有单独信道,节点之间不存在线路竞争,因此在节点的数据链路层通信协议中不需要考虑由于总线竞争而引起的线路冲突问题。数据交换网络通过多个数据交换装置的级联可实现网络中节点的任意扩展,使得节点通信效率不受网络规模的约束。随着集成电路制造技术的不断提高和微处理机运算速度的不断进步,网络交换机的数据交换速度也会不断提高,其提供的可用网络带宽将不断增强。从目前应用来看,采用数据交换的通信效率和组网能力已远大于令牌总线网络。

# 2.6 无线网络通信技术

无线通信是利用无线电波能够在自由空间中传播的特性,进而使通信节点之间实现信息交换的一种通信方式。无线通信技术不必建立物理线路,更不用大量的人力去铺设电缆,因此具有成本较低的优点。另外,无线通信技术不受工业环境的限制,对抗环境的变化能力较强,故障诊断也较为容易。相对传统的有线通信网络,无线网络的维修也可以通过远程诊断完成,其维修方式更加便捷,扩展性更强。当网络需要扩展时,无线通信不需要扩展布线。在使用环境发生变化时,无线网络只需要做很少的调整,就能适应新环境的要求。无线通信可根据通信距离的不同分为近距离通信方式和远距离通信方式。近距离无线通信技术目前已形成标准的有 Zig-Bee、蓝牙(Bluetooth)、无线宽带(Wi-Fi)、超宽带(Ultra Wide Band,UWB)等。远距离广泛应用的无线通信技术主要有 GPRS/CDMA、数传电台、扩频微波、无线网桥及卫星通信、短波通信技术等。本章主要介绍在工业实时控制中用到的两种无线局域网络 Wireless – HART 和 ISA100 标准。

## 2.6.1　WirelessHART

WirelessHART[35-36] 是一种在实时工业过程控制中应用的无线通信技术。WirelessHART 标准是 2007 年 9 月由 HART 通信基金会发布,是第一个专门为过程工业而设计的开放的可互操作的无线通信标准,满足了工业工厂对于可靠、强劲、安全的无线通信方式的迫切需求。国际电工委员会(International Electrotechnical Commission,IEC)于 2010 年 4 月批准发布了完全国际化的 WirelessHART 标准 IEC 62591(Ed. 1.0),是第一个过程自动化领域的无线传感器网络国际标准。该网络使用运行在 2.4 GHz 频段上的无线电 IEEE802.15.4 标准,采用直接序列扩频(Direct Sequence Spread Spectrum,DSSS)、通信安全与可靠的信道跳频、时分多址(Time Division Multiple Access,TDMA)同步等技术,WirelessHART 标准协议主要应用于工厂自动化领域和过程自动化领域,弥补了高可靠、低功耗及低成本的工业无线通信市场的空缺。一个基于 WirelessHART 构建的无线测控网络如图 2 – 24 所示。

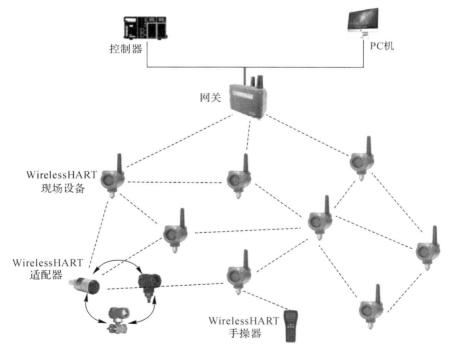

图 2 – 24　WirelessHART 网络拓扑图

图 2 – 24 中的各个节点可通过 WirelessHART 协议构成一个无线网络化控制系统。节点之间通过无线方式传输控制命令和检测信息。网关作为协议转换器,可实现监控计算机与各个节点之间信息的交互。采用 WirelessHART 通信标准的网络节点是以超级帧的

形式与其他节点进行通信的。WirelessHART 工作在 2 400~2 483.5 MHz 的免费 ISM 频段,每个节点可使用的信道频率为 16 个,即在可用频段内每隔 5 MHz 使用一个无线信道,分别编号为 11~26。在某一时刻,一个网络节点可使用具有多个频率的信道同时与其他节点通信,通信结束后可切换其他信道再与其他不同地址的节点进行通信。

## 2.6.2　ISA100

ISA100.11a 协议由美国仪器协会(Instrument Society of America,ISA)下属的工业无线委员会制定[37-39]。ISA 从 2005 年便开始启动工业无线标准 ISA100.11a 的制定工作,已经于 2014 年 09 月获得了国际电工委员会的批准,成为正式国际标准,标准号为 IEC62734。ISA100.11a 是第一个开放的、面向多种工业应用的标准系列。ISA100.11a 标准定义的工业无线设备包括传感器、执行器、无线手持设备等现场自动化设备,主要内容包括工业无线的网络构架、共存性、鲁棒性以及与有线现场网络的互操作性等。ISA100.11a 标准可解决与其他短距离无线网络的共存性问题以及无线通信的可靠性和确定性问题,其核心技术包括精确时间同步技术、自适应跳信道技术、确定性调度技术、数据链路层子网路由技术和安全管理方案等,并具有数据传输可靠、准确、实时和低功耗等特点。

ISA100.11a 协议包括物理层、数据链路层、网络层、传输层和应用层。其中物理层和数据链路层中的 MAC 子层采用 IEEE802.15.4 标准,网络层主要的功能有帧头部的封装和解析。该协议定义了五种类型的设备角色:上位机控制系统、网关、骨干路由器、现场设备、手持设备。网络结构支持网状、星状和星网状拓扑。ISA100.11a 协议体系结构以开放系统互联(Open System Inter-connection,OSI)7 层模型为基础。其关键技术如同步的时隙通信、跳频信道、时间同步和路由等有效地保证了网络的健康运行。ISA100.11a 构建骨干网,可以更直接地无线传递数据信息,减少无线传输跳数,当网络规模较大时优势更加突出。骨干网路减少和避免了多跳网络中出现的数据传输不确定时不可靠、风险高、能耗大等问题。对于非自身的数据包需要在 ISA100.11a 网络中进行传输时,ISA100.11a 也提供了有效的措施与之共存并传递数据包,从而能很好地与现有的工业现场协议兼容。

# 2.7　本 章 小 结

本章从数据传输的基本方式开始,阐述了并行通信和串行通信的基本特点。从工业控制系统的应用背景出发,在将串行通信方式作为本章重点讨论的基础上,给出了工业应用中常用的同步串行传输和异步串行传输的基本特点,详细论述了数据传输过程中的数据编码、错误校验及错误重传技术。以串行主-从通信结构为基础,给出了以主-从结构和令牌总线方式构建控制系统网络的基本方法,进一步介绍了基于数据交换方式构建可扩展网络的基本结构和数据传输模式。最后介绍了两种可用于构建工业控制系统中的无线传输方法。通过本章的学习,可了解以串行总线和无线传输方式构建网络化控制系统的特点,为进一步学习网络化控制系统的异常检测及网络安全打下良好的基础。

# 第3章　工业控制系统中的数据传输模式

工业控制系统发展到目前为止,数字化网络已在控制系统中得到了广泛的应用。本章将从工业应用角度出发,结合控制理论和数字化通信技术,深入阐述目前广泛应用的几种与数字网络相关的控制系统体系结构及控制系统中节点间的通信模式,为进一步探索网络化控制系统的安全运行奠定基础。

## 3.1　集中控制系统

集中控制系统是数字通信技术最早在工业控制领域中使用的一种简单控制系统,图 3-1给出了一种最简单的集中控制系统体系结构。该系统由被控物理对象、控制器、变送器、执行器、传感器和监控计算机组成。

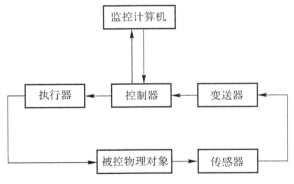

图 3-1　集中控制系统结构

图 3-1 中的控制器与执行器、控制器与变送器、传感器与变送器之间信息的交互采用模拟信号的传输方式,仪表之间常常采用 4～20 mA 的直流信号来表示实际物理参数的大小。控制器与监控计算机之间的信息交互采用串行通信的传输方式,一般采用 RS-485 接口以半双工的方式实现信息的交互。监控计算机作为整个系统的上位机,负责系统中关键数据的实时保存、数据处理、状态监控及管理整个控制系统的任务。在系统运行过程中,一方面,上位机通过运行的人机交互平台(又称监控软件,Monitor Software)对整个闭环控制系统的控制与运行参数进行设置,这些运行参数一般会影响到控制系统的稳定性、系统动态变化过程及被控物理对象的输出值;另一方面,工作人员可通过该交互平台实时了解到系统

的工作状态和各个被控参数的详细数值。以 PID 控制器为例,图 3-1 中的上位机通过数字传输通道可对控制器设置系统运行参数,运行参数包括系统设定值、实现 PID 控制算法所需的比例系数、积分和微分时间常数和系统采样时间等。上位机通过监控软件指示传感器的输出值、执行器的输出值、被控物理参数的输出值及各个仪表的运行状态等信息监控整个控制系统的运行状况。这些监控信息均由作为下位机的控制器通过串行接口将数据实时传递给上位机。

实际上,控制器除了执行 PID 控制算法以外,还必须完成与监控计算机的实时通信任务。控制器每次执行完 PID 运算后,周期性地将传感器产生的检测数据和执行器输出信息返回给监控计算机。在需要收集多个检测变量的情况下,数据收发双方需通过建立一定的通信机制(协议)来实现信息的交互。因此,控制器通信任务的执行会占用 CPU 的运算资源,通信占用的 CPU 资源太多会影响到控制系统的实时性。监控计算机与控制器的通信方式可采用 RS-232C 或 RS-485 的物理传输形式,由于两者为点对点的串行通信方式,监控计算机和控制器均可作为数据通信的发起方,需要传输的数据信息可通过一次性对多个字节的传输,即一定的通信格式来定义。

通过一台监控计算机同时对多个闭环控制系统进行监控和管理也可称为集中控制系统,这种系统可简单实现分散管理和集中控制的功能,结构如图 3-2 所示。该系统中,一台监控计算机集中管理多个闭环控制系统,各个系统相互独立运行。监控计算机与各个系统之间依靠计算机与控制器之间的串行通信方式交互数据。每个闭环系统中的控制器与执行器、控制器与变送器之间的信息传递采用 4~20 mA 的标准模拟信号。由于作为上位机的一台计算机要与多个作为下位机的控制器交互信息,其串行通信方式可采用 RS-485 的差分组网方式[40]。为了保证上位机与各个控制器之间通信的有序性,每个控制器和上位机均需定义一个互不相同的节点地址值,上位机与各个控制器之间可采用主站-从站的逻辑方式进行数据传输。

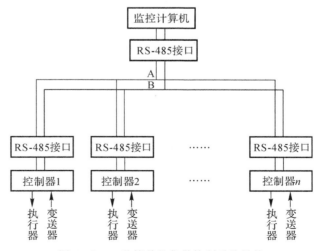

图 3-2 一种简单的集散控制系统结构

当作为主站的监控计算机向某一控制器发送数据时,主站首先需要打包一帧数据,然后将该数据帧发送到串行总线上。打包的数据帧应包含目的地址、源地址、帧字节长度、有效数据、校验字和帧结束标志等信息,如图 3-3 所示。该帧中目的地址字段定义了该数据帧将要发往哪个控制器,源地址字段为主站地址。帧字节长度字段表示该数据帧一共包含了多少个字节的数据量。有效数据字段为主站发往从站的信息数据。这些信息数据可为各个控制器的运行参数,如与系统稳定性及动态特性有关的比例系数、积分、微分时间常数,被控物理变量的设定值、系统采样时间等参数值。校验字字段信息是基于特定算法产生的,具有固定字节长度的数据,从站接收到一帧数据后基于该字节判断在接收过程中是否发生了错误数据的接收。帧结束字段信息表示一个数据帧的结束,用来提示接收数据的从站。当接收到该信息时数据发送即将结束,准备接收下一帧数据。当主站将一帧数据发送到总线上时,所有从站将接收该数据帧。只有从站地址与目标地址字段信息相同的数据帧才被保存下来,从站地址与目标地址字段信息不同的数据帧中的有效信息将会被丢弃。一般地,如果数据帧的目标地址为 0xff,则表示广播地址,即该数据帧是主站发送到所有从站的有效数据,所有从站接收到该数据帧后均须保存有效数据字段信息。

| 目的地址 | 源地址 | 帧字节长度 | 有效数据 | 检验字 | 帧结束标志 |
|---|---|---|---|---|---|

图 3-3　数据帧中不同信息字段的定义

当主站读取某个控制器的信息(被控物理变量的检测值等)时,主站须向该控制器先发送一个数据请求帧。作为从站的控制器收到该数据请求帧后,将会作为回应对应地返回一个应答帧。该应答帧中应包含所属闭环控制系统的实时信息,如被控物理变量的变化信息、控制器的输出信息等。对于图 3-2 所示的系统来说,监控计算机需要实时掌控其所辖闭环控制系统的运行过程,各个系统输出物理变量的变化值都需要在监控计算机上进行显示。监控计算机可采用轮询读取各个从站数据的方法获取所有控制器的运行信息和变量值。按照目的地址由低到高的排序方式,主站依次发出针对各个从站的数据请求帧,通过多等待应答数据的返回并读取应答帧中的有效数据信息,可得到所有闭环控制系统的运行数据。

# 3.2　集散控制系统

集散控制系统又称为分布式控制系统,是在 20 世纪 70 年代中期出现的一种控制系统体系结构。随着计算机技术的发展及微型处理器的普及化应用,工业生产中控制系统的概念不再局限于针对某个单一的闭环控制系统。基于产品生产工序组织生产,在某一生产工序过程中对多个控制系统实现统一管理,往往对于生产组织者有着迫切的需求。集散控制系统的主要特点是能够对多个闭环控制系统和相关控制设备进行分散控制和集中管理。分散控制就是操作人员通过操作一台计算机,或者计算机自身以执行程序的方式对位于不同地理位置的多个闭环系统中的执行设备进行远程操作。集中管理就是工作人员在一台计算机上能够集中掌握多个闭环控制系统的运行状态、多个被控变量和操作变量的实时数据。

目前常用的集散控制系统产品有霍尼韦尔的 TDK3000,施耐德的 Foxboro 和国产的

HOLLIAS MACS 系列等分布式控制系统。这些集散控制系统都采用了两层网络结构,即信息网络和控制网络。控制网络一般可同时支持多种网络传输协议,而信息网络一般基于工业以太网构建,其网络结构如图 3-4 所示。与图 3-2 所示的控制系统相比,该体系结构中的控制网络采用了 Modbus 通信协议。Modbus 是最早由 Modicon 公司提出的一种串行通信标准,分为 RTU 和 ASCII 码两种数据传输方式[41]。图 3-4 中的网桥作为控制主站,以地址轮询的方式依次与各个控制器进行数据交互,既可将信息网络中的有关信息发送到各个控制器,也可通过控制器实时获取各个控制系统的运行数据。信息网络中的各个计算机与网桥之间的数据交换通过数据交换机实现。

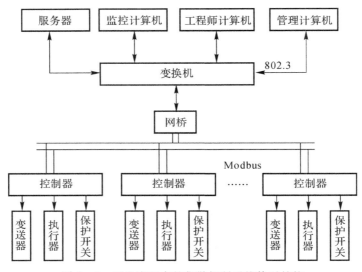

图 3-4　工业应用中的集散控制系统体系结构

基于 802.3 通信协议构建的工业以太网数据交换机按照满足标准 803.3 的 MAC 报文格式转发数据帧。交换机转发数据的规则是按照交换机物理端口与目的地址的对应关系转发数据。在交换机从某一端口接收到一个数据帧后,会从端口与目的地址的对应关系表中寻找该数据帧中目的地址所对应的物理端口号。如果寻找到该目的地址有对应的物理端口号,则从该物理端口号转发出该数据帧,否则就向所有物理端口转发该数据帧。信息网络中的服务器用于存储数据,同时向网络中的其他计算机提供数据服务。当网络中的客户机(监控计算机、工程师计算机、管理计算机和网桥)向服务器发送数据并请求服务时,服务器会按照先进先出(First Input First Output,FIFO)的原则为客户机提供对应服务。常用的服务包括数据库的读写服务、http 网页的访问和内部邮件的存储等功能。监控计算机属于车间级监控设备,其上运行的监控软件可为生产操作人员提供控制系统运行数据的实时显示和生产状态报警指示等功能。工作人员通过掌握各个控制系统的实时运行状态可实时改变生产策略。工程师计算机为专业技术人员专用计算机,通过该计算机工程师可修改控制器的运行程序和相关控制参数,以改变控制系统的工作特性。管理计算机为生产组织者的办公计算机,一般用于生产数据统计、报表和数据核算等统计功能。网桥是整个集散控制系统的核心部件。一方面,网桥作为信息网络中的一台客户机能够与其他计算机和服务器进行数据交换;另一方面,作为所有控制器的主站,采用轮询的方式与所有控制器以主-从方式实现数据通信功能。通过网桥实现两种不同通信协议之间的格式转换,信息网络中的计算机和控制网络中的控制器实现了数据交互功能。

相对于集中控制系统,集散控制系统通过网桥在各个闭环控制系统控制器基础上延伸了二级信息网络,在此基础上延拓了系统的管理功能,使得工程技术人员和现场管理人员的工作场所具备了较大的灵活性。但是,信息网络中的计算机在使用操作系统基础上,节点之间采用 IP 报文传输数据,使得网络安全性面临新的挑战。

## 3.3  基于现场总线的控制系统

现场总线控制系统(Fieldbus Control System,FCS)目前已成为工业生产自动化领域中一个新的控制系统体系结构,是 DCS 的更新换代产品。现场总线技术是 20 世纪 90 年代兴起的一种先进的工业控制技术,系统底层是一种连接现场智能设备和自动化系统的数字化、全分散、双向传输、多分支结构的总线型通信网络。FCS 是控制技术、仪表通信技术和计算机网络技术三者的结合体,具有多节点、总线式传输和协议开放的特点。控制系统引入现场总线的目的,是用一种总线传输和通信协议取代控制器与变送器、控制器与执行器之间以模拟信号表示信息大小的数据传输方式。工业控制系统中大量模拟仪表的使用,往往存在仪表之间接线多、连接复杂和维护困难等问题。仪表之间采用串行总线方式相互连接,不仅可以减少仪表之间的连接线、降低成本,还可以提高系统维护效率。FCS 的体系结构如图 3-5 所示。

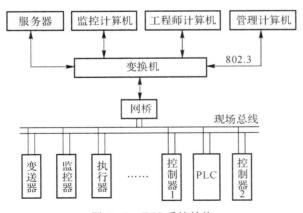

图 3-5  FCS 系统结构

图 3-5 中用于现场闭环控制的各种检测、控制仪表和执行器连接在现场总线上,以一定的通信规范实现控制命令和检测信息的传输,以维持控制系统的稳定。相对于模拟式仪表,总线型仪表以数字化方式描述检测信息和控制命令,具有更高的数据精准度和抗干扰能力。国际上工业现场总线技术及相关产品、总线型控制系统发展迅速,目前占领整个市场的

份额已超过了 25%。很多著名的自动化、仪表公司均有自己的总线产品及总线标准,如西门子、霍尼韦尔等,其中最有影响的有以下几种。

## 3.3.1 FF 现场总线

1994 年由 ISP 基金会和 WorldFIP(北美)两大集团成立 FF 基金会,开发出符合 IEC 和 ISO 标准的国际现场总线(Fundation Fieldbus)。FF 现场总线包括低速总线(H1)和高速总线(H2),应用以过程自动化为主。FF 现场总线是一种全数字、串行、双向通信协议,用于现场设备如变送器、控制阀和控制器等的互联。

FF 现场总线最根本的特点是专门针对工业过程自动化而开发的,在满足要求苛刻的使用环境、本质安全、危险场合、多变过程以及总线供电等方面,都有完善的措施,其传输率的典型值为 31.25 kb/s(H1),1 Mb/s 和 2.5 Mb/s(H2)。它具备 ISO/OSI 七层参考模型中的三层,即物理层、数据链路层、应用层和用户层。物理层作为电气接口,主要是接收来和发送自数据链路层的信息,它按照基金会现场总线的技术规范,数据帧为加上前导码和定界码的曼彻斯特编码。传输介质为双绞线、电缆和无线介质。数据链路层完成链路活动调度和活动状态的探测和响应。应用层则规定了在设备之间交换数据、命令、事件信息以及请求应答中的信息格式。用户层为标准的应用程序。

## 3.3.2 CAN 总线

CAN 现场总线已由 ISO/TC22 技术委员会批准为国际标准 ISO11898(通信速率小于 1 Mb/s)和 ISO11519(通信速率小于 125 kb/s)。CAN 主要产品用于汽车制造、公共交通车辆、机器人、液压系统、分散型 I/O 等。CAN 通信协议取 OSI 参考模型的物理层、数据链路层和应用层。物理层通信介质为双绞线、同轴电缆和光纤。数据链路层定义了 MAC 子层和 LLC 子层的一部分,它由一个 CAN 控制器来实现。CANBus 数据链路层协议采用平等式(Peer to Peer)通信方式,即使主机出现故障,系统其余部分仍可运行(当然性能受一定影响)。当一个站点状态改变时,它可广播发送信息到所有站点。

CAN 的信息传输通过报文进行,它支持四种报文帧:数据帧、远程帧、出错帧和超载帧。其中数据帧格式如图 3-6 所示。CANBus 帧的数据场较短,小于 8 B,数据长度在控制场中给出。短帧发送降低了报文出错率,同时也有利于减少其他站点的发送延迟时间。帧发送的确认由发送站与接收站共同完成,发送站发出的 ACK 场包含两个"空闲"位(Recessive bit),接收站在收到正确的 CRC 场后,立即发送一个"占有"位(Dominant bit),给发送站一个确认的回答。CANBus 还提供很强的错误处理能力,可区分位错误、填充错误、CRC 错误、形式错误和应答错误等。

| 帧间隔 | 帧起始 | 仲裁场 | 控制场 | 数据场 | CRC场 | ACK场 | 帧结束 | 帧间隔 |
|---|---|---|---|---|---|---|---|---|

图 3-6 CANBus 数据帧组成

CANBus 应用一种面向位型的仲裁方法来解决媒体多路访问带来的冲突问题。其仲裁过程是：当总线空闲时，线路表现为"闲置"电平（Recessive Level），此时任何站均可发送报文。发送站发出的帧起始字段产生一个"占有"电平（Dominant Level），标志发送开始。所有站以首先开始发送站的帧起始前沿来同步。若有多个站同时发送，那么在发送的仲裁场进行逐位比较。仲裁场包含标识符 ID（标准为 11 bit），对应其优先级。每个站在发送仲裁场时，将发送位与线路电平比较，若相同则发送；若不同则得知优先级低而退出仲裁，不再发送。系统响应时间与站点数无关，只取决于安排的优先权。可以看出，这种媒体访问控制方式不像 Ethernet 的 CSMA/ CD 协议那样会造成数据与信道带宽受损。

### 3.3.3　过程现场总线 PROFIBUS

PROFIBUS 是 Process Fieldbus 的缩写，是一种国际性的开放式现场总线标准（EN50170 欧洲标准）。根据应用领域的不同 PROFIBUS 可分为三个兼容的版本，即 PROFIBUS - DP、PROFIBUS - PA、PROFIBUS - FMS，三个版本各有自己的特点。PROFIBUS - DP 用于传感器和执行器级的高速数据传输，传输速率最高可达 12 Mb/s。PROFIBUS - PA 应用于安全性要求较高的场合，适用于化工、石油、冶金等行业的过程自动化控制系统。PROFIBUS - FMS 的设计的目的在于解决车间一级的通信任务，它提供大量的通信服务，用于完成中等传输速度进行的循环和非循环的通信任务。

PROFIBUS 系统由主站（Active）和从站（Slave）组成。主站之间互相传递令牌，得到令牌主站获得控制权，与从站在逻辑上形成主从关系并进行数据的交换。各从站不能主动发送信息，只能响应各主站。各主站以总线方式物理连接，逻辑上按地址升序组成一个令牌环，轮流对各从站进行控制。PROFIBUS 实际上是令牌总线结构。令牌总线媒体访问控制是将局域网物理总线的站点构成一个逻辑环，每一个站点都在一个有序的序列中被指定一个逻辑位置，序列中最后一个站点的后面又跟着第一个站点。每个站点都知道在它之前的前趋站和在它之后的后继站的标识。在物理结构上它是一个总线结构局域网，但是在逻辑结构上，又成了一种环形结构的局域网。和令牌环一样，站点只有取得令牌，才能发送帧，而令牌在逻辑环上依次按站地址升序进行循环传递。

图 3 - 7 给出了 PROFIBUS 令牌总线的逻辑结构，总线上的 2、4、6、9 号节点为主站节点，令牌在它们之间按地址顺序依次传输，其他节点为从站节点。每个主站节点都保存一个 PS（Previous Station）、TS（This Station）、NS（Next Station）的地址值，即令牌总是从地址为 PS 的节点传来，执行完通信任务后将令牌再传递给 NS。在正常运行时，当某一主站点完成本站通信任务时，它将令牌始终传递给逻辑序列中的下一个站点。从逻辑上看，令牌是按地址的递减顺序传送至下一个站点的，但从物理上看，带有目的地址的令牌帧广播总线上所有的站点，当目的站点识别出符合它的地址时，即把该令牌帧接收。应该指出，总线上站点的

实际顺序与逻辑顺序并无对应关系。

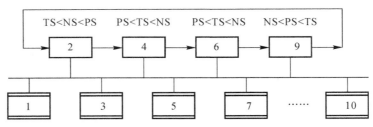

图 3-7　PROFIBUS 令牌总线的逻辑结构

上述 3 种现场总线结构的不同在于数据链路层协议的不同,它们通过对数据帧中多个字节的不同定义、采用不同的帧校验方式及收发机制实现了节点间信息的传输。由于现场总线传输协议的开放性,在 FCS 系统中通过网桥使控制和检测仪表信息与信息网络互通的情况下,很难保证控制系统中的信息不被泄露,信息网络中的计算机进程也容易对仪表的正常运行产生影响。FCS 的网络安全问题对控制系统的影响已成为工程技术人员必须考虑的问题之一。

# 3.4　基于数据交换的网络化控制系统

目前工业控制系统中广泛使用的数据网络分为现场设备互联网络、企业内部管理网络及通过国际互联网与企业内部网络互联的外部网络等多个部分。从现场设备网络的应用状况来看,表现为多种现场总线标准并存,且每种总线标准的设备在市场上占有一定比例的份额。对于使用方来说,由于这些标准不同的总线设备存在相互不兼容的特点,在使用过程中存在互操作性差和开放性不足的问题。工业以太网由于具有资源共享能力强、容易组网和技术支持广泛等优势,许多工业系统设计公司都将工业以太网引入现场设备层,以数据交换方式代替传统主-从结构下的点对点通信方式[42]。管理网络通过网关或数据交换设备可直接与现场设备网络交换数据,与产品制造相关的生产、运行参数及与控制系统特性相关的系统参数可通过管理网络进行在线设置和修改。为了实现数据的外部访问,企业内部的管理网络一般通过企业路由器直接连接到国际互联网络。目前采用 TCP/IP 协议、使用嵌入式操作系统并具备完全开放互联功能的智能化工业控制产品已广泛应用在工业控制系统中[43]。

工业以太网由于具有开放性好、应用广泛及价格低廉的特点,在工业控制领域已得到了大规模的应用。随着 MCU 芯片运行速度的不断提高与通信技术的不断发展,工业以太网已经渗透到了企业控制系统的控制层和设备层。目前,几乎所有的控制系统设备供应商都能提供支持工业以太网的接口产品。采用具有工业以太网接口功能的控制和检测仪表构建网络化控制系统,可以方便地实现多个仪表之间信息的交互及仪表数据与信息网络的实时数据传输。节点间基于工业以太网实现数据的传输依赖于一系列通信协议,在物理层为有线连接方式下,其数据链路层一般采用的是 802.3 规范,传输层基于 TCP/IP 协议实现应用程序的开发。目前的商业操作系统都提供支持 TCP/IP 协议族和应用软件二次开发的SDK,且已出现部分集成电路产品能够以硬件访问方式为 MCU 开发提供 TCP/IP 协议族的相关支持。工业以太网本质上是一种基于数据交换的数字化网络,节点间采用数据交换的方式实现信息的传输。图 3-8 给出了基于工业以太网构建的网络化控制系统体系结构。

图 3-8 中用于闭环控制的控制器、执行器及传感器通过交换机实现了信息的传递,实现了物理对象的稳定控制。鉴于监控计算机及工程师计算机均通过交换机实现数据交互,故该网络化控制系统实际上通过若干交换机实现了一网到底的互联功能。交换机数据交换功能的实现依赖于其内部 MCU 执行数据转发任务的快慢程度,MCU 运行速度越快,数据转发效率越高,控制系统实现控制任务的实时性就越强。目前市场上的交换机其数据转发的均为满足 802.3 协议的帧格式,在数据转发过程中实现了物理端口与接入交换机设备MAC 地址的动态对应。

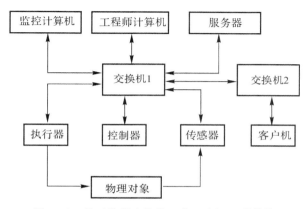

图 3-8　基于数据交换的工业以太网互联结构

在基于工业以太网开发实际应用系统的过程中,一般会使用传输控制协议(Transmission Control Protocol,TCP)和用户数据报协议(User Datagram Protocol,UDP)实现节点间数据的传输。UDP 协议不需要链接,节点间不需要提前握手就可实现数据的传输,数据传输后也不需要返回应答。而 TCP 是一种基于连接的、可靠的数据传输协议。在工业应用中使用的控制及检测仪表一般会采用 TCP 协议传递控制和检测信息。TCP 协议位于七层网络协议的传输层,主要作用是将发送端要发送的原始数据打包成 IP 报文。TCP报文是 IP 报文的一部分,即 TCP 报文再加上 20~60 个字节的 IP 报文首部部分构成了 IP报文。一个 IP 报文包括首部部分和有效数据的格式见表 3-1。

表 3-1　IP 数据报文首部定义

| IP 报文各段定义 | 比特数 | 含　义 |
|---|---|---|
| IP 报文版本 | 4 | 用 0100 表示 IPV4,0110 表示 IPV6 |
| IP 首部长度 | 4 | 该 4 位比特数二进制值乘以 4 表示首部字节长度,常用的"0101"表示 20 个字节长度 |

续表

| IP 报文各段定义 | 比特数 | 含 义 |
|---|---|---|
| 服务类型(TOS) | 8 | 基于报文紧急程度不同,指明该 IP 报文的不同服务类型,不同类型的报文可用于不同应用场合,最高 3 位为"111"可用于网络控制 |
| IP 数据包长度 | 16 | 该 IP 报文的字节长度,最长为 64 k 字节 |
| 分片允许标志 | 3 | 第一位不使用。当"DF"位为 1 时,表示不允许路由器分段处理,为 0 时表示允许分段。当"MF"位为 0 时,表示该段为最后一个分段 |
| 分片偏移量 | 13 | 指明分段起始点相对于报头起始点的偏移量,该字段可使数据接收者按照正确的顺序重组数据包。各个 IP 分片数据报在发送到目的主机时可能是无序的,需要该字段来指明该分片在原数据报中的位置 |
| 生存时间 | 8 | 该 IP 报文每经过一个路由器,该字段将减1。防止该 IP 报文无休止地被转发 |
| 协议 | 8 | 指明该报文的有效数据由哪种协议产生,TCP 的协议号为 6,UDP 的协议号为 17。ICMP 的协议号为 1,IGMP 的协议号为 2 |
| 首部校验和 | 16 | IP 报文首部的校验和(CRC),接收方基于该字段判断接收数据的正确性 |
| 源地址 IP | 32 | 数据发送方 IP 地址 |
| 目的地址 IP | 32 | 数据接收方 IP 地址 |
| 可选字段 | 0 或 32 | 用于测试和特殊要求的附加数据。如该部分有效需添加 0 来补足 32 位,为了确保报头长度是 32 的倍数 |
| 数据 | 64 k 以内 | 有效数据,两字节的 IP 数据包长度包含了该部分数据内容 |

　　IP 报文中的有效数据由 TCP 首部和应用数据构成。数据发送的 TCP 协议在 IP 报文中加入 TCP 首部的目的是使数据接收方的 TCP 解析程序能够顺利解析出网络中传输的有效数据。TCP 首部一般由 20 个字节所构成,其含义见表 3-2。

表 3-2　TCP 首部各部分的定义

| TCP 首部定义 | 比特数 | 含 义 |
|---|---|---|
| 源端口号 | 16 | 指明数据包由发送端用哪个应用进程(端口号)组装 |
| 目的端口号 | 16 | 指明接收端用哪个应用进程(端口号)解析数据 |
| 32 位序号 | 32 | 表示本报文段所发送数据的第一个字节的编号 |

续表

| TCP 首部定义 | 比特数 | 含　义 |
|---|---|---|
| 32 位确认序号 | 32 | 接收方返回给发送方期望收到下一个报文段的第一个字节数据的编号 |
| TCP 首部长度 | 10 | 用前 4 位,其他 6 位保留未用,TCP 报文段的数据起始处距离 TCP 报文段的起始处有多远 |
| URG | 1 | 表示本报文段中发送的数据是否包含紧急数据。URG＝1,表示有紧急数据 |
| ACK | 1 | 表示是否前面的确认号字段是否有效。ACK＝1,表示有效。只有当 ACK＝1 时,前面的确认号字段才有效。TCP 规定,连接建立后,ACK 必须为 1 |
| PSH | 1 | 告诉对方收到该报文段后是否应该立即把数据推送给上层。如果为 1,则表示对方应当立即把数据提交给上层 |
| RST | 1 | 只有当 RST＝1 时才有用。如果收到一个 RST＝1 的报文,说明与主机的连接出现了严重错误(如主机崩溃),必须释放链接,然后再重新建立链接 |
| SYN | 1 | 在建立链接时使用,用来同步序号。当 SYN＝1,ACK＝0 时,表示这是一个请求建立链接的报文段;当 SYN＝1,ACK＝1 时,表示对方同意建立链接 |
| FIN | 1 | 标记数据是否发送完毕。如果 FIN＝1,就相当于告诉对方:"我的数据已经发送完毕,你可以释放链接了" |
| 窗口大小 | 16 | 告诉发送方,从本报文段的确认号开始允许发送的数据量 |
| 校验和 | 16 | 检验和字段检验的范围包括首部和数据这两部分 |
| 紧急指针 | 16 | 紧急指针仅在 URG＝1 时才有意义,它指出本报文段中的紧急数据的字节数 |
| 可选部分 | 可变 | 最长可达 4 字节。当没有使用"选项"时,TCP 的首部长度是 20 字节 |

　　TCP 协议传输数据采用了链接后的数据传输方式,是一种有链接的传输机制。数据收发双方在传输数据之前必须建立一种双方确认的链接机制。通信双方确认链接后开始收发数据,收发数据结束后双方释放链接确认,结束数据通信任务。通信双方的确认链接机制采用了 3 次握手的通信方式,即数据收发双方需要 3 次交互信息后得到一个链接的确认(见图 3-9)。首先,客户机首先向服务器发出第一个数据请求(SYN＝1,ACK＝0,即第一次握

手),表示客户机与服务器有数据交互需求,希望服务器能够提供数据交互服务。接收到该数据请求后,如果此时服务器空闲,有能力满足客户机的数据交互要求,则会向客户机返回一个数据响应(SYN=1,ACK=0,第二次握手),表示同意为该客户机提供数据交互服务。在客户机收到服务器返回同意建立链接的应答后,会向服务器发送一个确认的报文,表示客户机已建立了一个链接。建立链接后,数据收发双发按照 IP 报文格式相互传递数据。在客户机完成数据交互任务后需主动释放与服务器的链接。链接的释放通过 4 次挥手的通信方式(见图 3-10)。

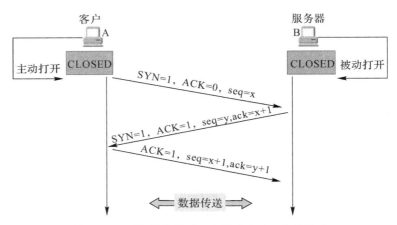

图 3-9　TCP 协议通过 3 次握手确认双方的链接

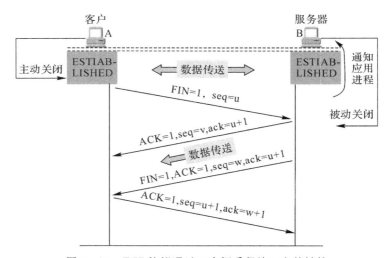

图 3-10　TCP 协议通过 4 次挥手释放双方的链接

　　基于 TCP 协议实现数据传输的基础上,为了有效保障网络中所有节点数据传输的效率,网络中的节点一般会采用客户机-服务器方式实现数据交互的有序性和高效性。网络化控制系统中的节点设备运行时必须设定为服务器模式或客户机模式。运行在服务器模式下时,该设备需由其他客户机设备主动和其链接并实现数据的转发。在客户机设备与服务器建立 TCP 连接后，客户机主动开始数据的交换。数据交换方式可分为向服务器直接发送数据和向服务器请求数据两种方式。

目前已商业化的工业以太网通信标准有 Profinet、POWERLINK 和 ModbusTCP 等几种形式。以 ModbusTCP 为例，该协议是施耐德公司于 1996 年推出的基于 TCP/IP 协议族的数据传输标准，即运行在 TCP/IP 上的 Modbus 报文传输协议。通过此协议，控制系统中的不同设备之间可通过以太网传输数据。ModbusTCP 是一种开放的数据传输协议，施耐德公司已在互联网编号分配管理机构（Internet Assigned Numbers Authority，IANA）申请了 TCP 端口编号（即 502 端口）作为公司产品的专用端口。ModbusTCP 传输标准是在早期 ASCII、RTU 基础上重新建立的数据传输机制。ModbusTCP 充分利用了 TCP 传输机制和 IP 报文的数据传输格式，在 IP 报文的数据中嵌入了先前 Modbus 数据格式的相关内容。

对于采用数据交换方式下的工业以太网构建网络化控制系统而言，在底层控制设备采用客户机-服务器访问实现数据传输情况下，可充分利用企业内部局域网络实现闭环控制功能。与总线型控制系统相比，由于信息传递基于 TCP 协议实现，所以节点间数据的传输时间存在不确定性，实时控制效果略逊于 FCS 系统。在 TCP/IP 协议已全面开放的情况下，基于工业以太网构建的网络化控制系统很容易受到恶意节点的攻击，控制系统的安全性已成为不得不考虑的问题之一。

# 3.5　信息物理系统

信息物理系统（Cyber-Physical Systems，CPS）是一个综合计算、网络和物理环境的多维复杂系统。该系统通过通信、计算和控制技术的有机融合与深度协作，实现多个控制任务的实时感知、动态控制和信息服务。CPS 是建立在嵌入式系统、计算机网络、控制理论、无线传感器网络（Wireless Sensor Networks，WSN）等基础上的下一代智能系统[44]。美国已在 2006 年和 2007 年发布有关报告，将 CPS 列为重要的研究项目，并把 CPS 列为首位的关键信息技术。从 2006 开始，欧盟已开始在嵌入智能与系统的研究与技术上投入大量资金，以期望成为智能电子系统的世界领袖。在我国，CPS 也被视为未来信息技术发展方向，相关研究已得到了国家自然科学基金、国家 973 计划和 863 计划的支持。CPS 具有的广泛研究价值和应用前景已极大地引起了相关科技工作者的关注。

目前，随着集成电路制造、计算机应用和通信技术的快速发展及我国工业化与信息化的深度融合，工业生产中广泛使用的控制设备和系统除实现原有功能外无一例外都向智能化、网络化方向发展。成熟的 IT 及网络互联技术正在不断地被应用到工业控制系统中。由于工业生产部门对控制系统的性能和数据需求越来越高，工业控制系统已由传统的网络封闭体系逐渐发展为开放式、分布式体系。控制网络的概念不再局限于控制器与执行器、传感器与执行器之间的数据传输，

更为复杂的、基于数据传输网络构建的信息物理系统已在工业生产及自动控制领域中不断得到应用。信息物理系统是集成泛在感知、可靠通信、嵌入式计算和智能化控制于一体的新一代智能系统，是物理实体与信息空间的融合统一体。在网络带宽不断延伸的情况下，

多个基于数字化网络传递控制和检测信息的闭环控制系统与信息系统实现数据共享的情况下,可完成复杂计算、故障在线诊断、模型在线辨识、系统协同与优化、网络攻击检测及实时防护等功能。信息物理系统在充分利用网络带宽、节点计算和存储资源的前提下,在多种计算需求的驱动下,网络中的不同节点、不同子系统及异构网络之间均需实现数据和信息的实时交互。

图 3-11 给出了一种信息物理系统的网络拓扑结构,该系统由控制网络和信息网络两层结构组成。通过控制网络,一方面,控制器、执行器与传感器之间基于传输控制命令和检测信息可实现多个子系统的闭环控制;另一方面,多个闭环子系统之间也可通过该网络实现实时信息的交互。系统中的底层控制网络通过一个网关实现了与上层信息网络的数据交换,为进一步实现控制系统底层物理数据的全局共享成为可能。多个闭环子系统运行过程中的故障诊断、网络攻击检测、在线模型辨识、系统协同与优化及复杂计算等任务可由控制网络中的计算服务器实现,而数据存储服务器完成计算结果和中间数据的保存。信息网络是用于协调不同部门之间协同生产的管理网络,信息网络基于云计算、云服务与云存储功能完成同一行业的不同企业、同一企业的不同部门之间的协同管理,以实现企业运行的科学化管理。信息网络通过网桥实现了与控制网络之间的数据交互,控制系统中的节点可实时获取信息网络中的相关信息,为实现多个闭环子系统间的协同与优化控制创造了条件。

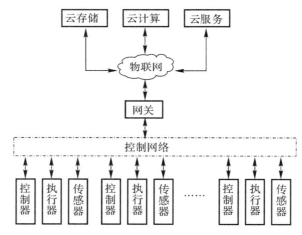

图 3-11　信息物理系统的网络结构

从目前工业仪表的应用情况来看,许多工业仪表在实现自身功能的同时已具备了完全的网络互联功能[45]。基于工业以太网、企业管理网、国际互联网及 5G 通信标准等功能一体化为基础构建分布式信息物理系统正逐步成为当前控制系统的主流设计方向,物联网技术已广泛应用于网络化控制系统中。一个可应用于工业生产中的信息物理系统如图 3-12 所示。该系统中包含了多个 MIMO 物理对象和多个控制器。每个 MIMO 对象与控制器之间采用商业物联网传递控制和检测信息。物联网除了传递控制器发出的控制命令和传感器发出的检测数据外,还可传输各个 MIMO 物理对象的状态信息,实现所有控制器节点共享所有 MIMO 物理对象的实时数据。实际上,信息物理系统是一个控制网络和信息网络及多个MIMO 物理对象的综合体,凡是与控制算法和控制任务相关的信息都可通过物联网络进行传输。

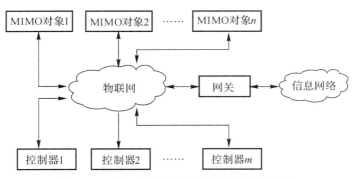

图 3 - 12　基于物联网的信息物理系统结构图

# 3.6　本 章 小 结

　　本章以工业控制系统的应用为背景,给出了在工业自动化控制系统中广泛使用的网络体系结构。从系统管理和闭环控制角度出发,详细阐述了集中控制系统、集散控制系统、现场总线控制系统、基于数据交换的控制系统及信息物理系统的系统结构和数据传输方式。通过系统结构比较和数据传输特性的分析,给出了不同通信方式对控制系统性能的影响,详细分析了在当前网络环境下网络化控制系统运行所面临的风险问题。

　　通过本章的学习,读者可了解以多种数据传输方式构建网络化控制系统的特点,对进一步掌握网络化控制系统中恶意攻击行为的产生、节点的攻击方式及探索针对网络化控制系统安全运行的主动防御策略具有重要意义。

# 第4章　网络化控制系统模型分析与闭环控制策略

控制系统的数学模型指的是系统内部各个物理量之间动态变化关系的数学表达。数学模型可分为静态模型和动态模型。静态模型为系统处于相对变化缓慢情况下或平稳状态下各个物理变量之间稳态值之间的约束关系。动态模型为控制系统从一种稳定运行状态过渡为另一种稳定运行状态的过程中，各个物理量之间相互约束关系的数学表达。构建一个控制系统首先需要掌握的是被控物理过程（被控物理对象）内部各个物理量（状态变量）之间的相互制约关系，即输入参数对输出参数的控制作用和影响方式。在掌握被控物理对象精确数学模型的基础上，基于控制系统稳定性机理设计控制器的数学描述称为控制器设计，控制器的设计可从频域和时域角度进行分析。

## 4.1　网络化控制系统的闭环控制结构

一个通过网络实现单输入-单输出（SISO）的闭环控制的控制系统如图4-1所示。该系统中的控制器通过网络获取传感器的检测信息，并向执行器节点发送控制命令。执行器和传感器节点为智能化节点，具有网络数据的接收和发送功能。执行器节点接收到一次控制信息后将该信息转化为执行器的物理输入信号，执行器产生对应输出后对物理设备产生控制影响，从而控制物理设备的输出参数。传感器节点负责将被控物理参数的实时信息传递给控制器，传递方式既可由控制器主动发起，也可由该节点主动发起。检测信息的传递由控制器发起时，需控制器主动向传感器节点发出读取命令，由传感器节点主动发起时，传感器节点直接将数据发给控制器。

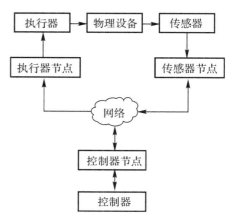

图4-1　单输入-单输出闭环网络化控制系统结构

对于一个多输入-多输出(MIMO)的物理设备来说,需要一定数量的执行器和传感器节点实现闭环控制任务,图 4-2 给出了实现闭环控制的网络化系统结构。

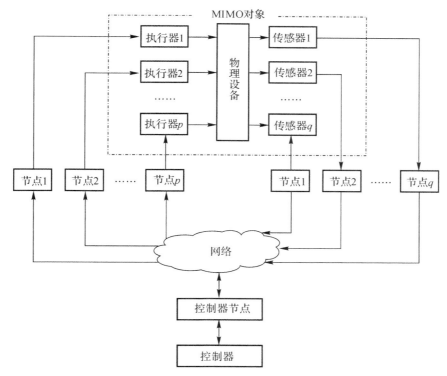

图 4-2　多输入-多输出闭环网络化控制系统结构

这里将 $p$ 个执行装置、具有 $p$ 个输入、$q$ 个输出的被控物理过程和 $q$ 个传感器视为一个广义对象,即 MIMO 对象。闭环控制系统在通过网络传输 $p$ 个控制信息和 $q$ 个检测信息的情况下,由控制器节点、数字化网络和传感器节点构成控制通路和检测通路,图 4-3 给出了通过控制通路和检测通路构建的双边网络化控制系统的逻辑结构。

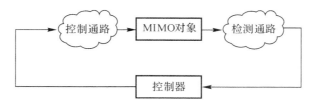

图 4-3　采用双边网络的闭环控制系统结构图

系统运行时,控制器需周期性地通过控制网络同步发送控制向量,即 $p$ 个控制变量 $u_1$,$u_2$,$\cdots$,$u_p$。这 $p$ 个变量需通过控制器的数据发送端口在某一时刻一次性地发送到 MIMO 对象的输入端,并同时通过执行器对物理过程对象产生作用。如果 $p$ 个执行器在物理空间上位于同一位置,则 MIMO 对象可通过一个信道和一个数据接收装置把 $p$ 个控制变量一次性接收过来。如果 $p$ 个执行器在物理空间上相距较远,控制器需通过 $p$ 个传输信道同时

将 $p$ 个控制变量发送给不同的数据接收单元。同理，$q$ 个检测变量的传输方式也应根据传感器空间分布的不同采用不同的数据传输方式。

双边网络化控制系统一般用于物理对象与控制中心存在一定距离情况下的远程遥控，如飞行器和卫星的地面控制过程等。当物理对象在地理空间上呈现大面积分布时，控制器的设计必须考虑双边网络化控制系统。控制网络和检测网络的存在，使得整个控制系统的性能存在许多不确定因素（如网络延迟的影响及网络攻击行为等），在设计控制器时需综合进行考虑。

单边网络化控制系统是只存在检测网络的闭环控制系统（见图 4－4），系统中传感器数据通过检测网络将信息传输到控制器。如果一个 MIMO 对象的 $p$ 个执行器空间位置较近，且与被控物理设备没有空间距离时，可将控制器和 MIMO 对象输入端放置在同一地理位置。此时，MIMO 对象需将 $q$ 个传感器的检测数据通过检测网络发送给控制器。由于系统中只存在一个检测网络，网络中的数据传输延迟、丢包等不确定因素的影响与双边网络相比，其负面影响将会大大降低。

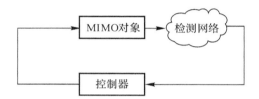

图 4－4　采用单边网络的闭环控制系统结构图

# 4.2　构建网络化控制系统需考虑的问题

## 4.2.1　网络诱导时延

网络化控制系统中的节点包括传感器节点、执行器节点和控制器节点。闭环控制的网络化系统可由多个传感器节点、执行器节点和一个控制器节点构成。控制网络中的各个节点在传输信息时，由于存在信道介质而导致数据传输和数据处理时产生的时间延迟，称为网络诱导时延（Network Induced delay）。简单的网络诱导时延可理解为从发送节点开始发送数据到接收节点完全接收到正确的数据和信息所使用的时间段。当数据在一个闭环控制系统中传输时，其网络诱导时延主要包括控制通道时延和检测通道时延（见图 4－5）。控制通道时延为制器向执行器传输控制命令的时延，而检测通道的时延为传感器向控制器传输检测数据的时延。若影响一个被控物理对象输出物理量的 $p$ 个执行器位于不同地理位置，则该闭环控制系统的控制通道时延应为一个 $p$ 维的时间向量，即

$$\tau = \begin{bmatrix} \tau_1 & \tau_2 & \cdots & \tau_p \end{bmatrix} \tag{4-1}$$

同理，被控物理对象的 $q$ 个检测单元位于 $q$ 位于不同地理位置时，检测通道时延为一个

$q$ 维的时间向量。

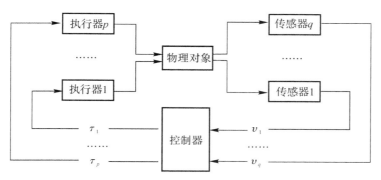

图 4-5　闭环控制系统的时间延迟

　　控制通道的时延往往与控制器控制算法运算时间、数据传输时延、执行器节点接收数据后进行校验的时间有关，检测通道的时延包括数据采样与收集时产生的时延、数据传输时产生的时延、接收端数据进行数据帧校验的时延及控制器完成数据收集的时间等。这里把控制算法运算、数据采样、数据发送与接收、接收数据的校验过程等引起的时延称为定长时延，该时延主要由控制系统采用的硬件和软件来决定。对于一个确定的控制系统，定长时延一般是可确定的。把数据在信道上传输引起的时间称为通信时延。通信时延取决于通信路径的选择、网络带宽、通信协议等因素。在数据传输过程中，由于可能发生码元错误而引发数据的二次重传，甚至发生数据丢包现象，所以通信延迟一般是难以确定的。随着网络节点、中继设备数量的不同、流量的动态变化、采用网络协议的不同等因素的影响，网络时延通常会呈现不同分布和特征。在网络化控制系统的设计过程中，可假定节点间的通信时延在服从某种概率分布规律的情况下，对控制系统的稳定性和动态特性进行分析。

　　网络诱导延时的存在会降低系统性能，例如使控制系统的上升时间增加、超调量增大、稳定时间变长等等，严重时甚至会引起系统的稳定区域显著减小或不稳定[46]。严格地从控制的角度来分析，一个闭环控制系统的控制和检测通道只要存在时延，其输出物理变量都会受到不同程度的影响。在系统处于动态稳定的情况下，和系统中的动态干扰一样，网络诱导时延会增加系统的动态误差。如果由于网络延时引起被控变量的动态变化值在允许动态误差范围内，可认为该时延对系统的负面影响较小。在一定网络环境下，如果网络的传输速度（或带宽）足够并且负荷较轻，那么在控制和检测通道中引入的网络只会造成短时间的传输时延。该时延若远小于被控物理过程的惯性时间，此时对于控制系统性能的影响可以忽略不计。如果由于网络延时引起被控变量的动态变化值超过了允许动态误差范围，则该时延对系统的负面影响较大。此时需分析网络中的各个延时时间对系统稳定性及动态特性的影响，确定能够保持系统稳定的各个时延参数的最大允许值。当网络控制规模变大、系统节点增加时，每个节点的时变传输周期将会变长，这种情况将会使得系统的稳定性、超调量、鲁棒性受到严重影响。

　　分析网络诱导时延对网络化控制系统性能的影响，可从连续型控制系统和离散型控制系统两种不同的角度去分析。从时间连续的角度去分析控制系统时，控制通道任何数值大小的网络时延都会对被控物理参数的输出产生负面影响。本质上，任何广义物理对象模型均为连续型模型,若其输入信号出现阶跃性变化时,输出参数将以指数规律收敛。在控制命令通过网络传输的条件下,由于传输时延的存在,执行器节点接收到控制指令后会向执行器输出非连续阶跃信号,引起输出参数的振荡。文献[47]在假定已知检测通道通信时延上、下限的情况下,基于 Lyapunov - Krasovskii 函数给出了闭环网络化控制系统的稳定条件,采用输出跟踪方法设计了一种 PI 控制器。该控制器可使被控参数达到期望的稳定值,并使稳态误差为零。

从时间离散的角度去分析控制系统时,由于系统中存在传感器采样时间和控制算法的运行周期,控制命令和检测信息可充分利用这两个时间段完成数据的传输。因此,对于小于控制周期的网络诱导时延均可忽略其影响。目前针对离散型网络化控制系统,研究网络诱导时延的影响往往认为延时时间是系统采样时间或控制周期一定倍数情况下进行的。文献[48]在考虑控制系统中存在网络诱导时延情况下研究了线性离散系统的可控性和可观测性。

## 4.2.2 数据包丢失问题

在一个闭环控制的网络控制系统中,传感器、执行器和控制器之间的信息传输是以数据包(数据帧)的形式传输的。数据帧中包含有控制器发出的控制命令信息和传感器发出的检测信息。如果数据接收方不能够及时得到发送节点发出的实时信息,系统的所有被控物理变量将不能得到实时的调整。产生数据包丢失的原因是多方面的,但主要原因来自于数据传输信道的可靠性和通信网络的 MAC 机制。

在通信信道不可靠情况下,如无线通信距离较远或发射功率较低时,数据接收方接收到数据的可靠性有所降低,从而出现丢包率上升的情况。此时可通过提高发送节点的发射功率、缩短通信距离或增加中继节点的方法降低数据接收方的丢包率。从网络的 MAC 机制来看,一般控制网络的数据链路层协议都定义了数据包的重新传输机制。发送节点发出一个数据包后,在一定时间内会等待接收方返回一个确认的数据应答帧。在规定时间内,若没有得到应答会启动该数据包的二次发送。如果数据发送方经过一定次数的重传后仍然没有得到确认的应答,会认为物理通信信道出现了故障。在这种情况下,数据接收节点不能够得到保持控制系统稳定的实时控制和检测信息,从而引起被控物理参数的大幅度超调,甚至引起整个闭环控制系统的不稳定。在通信带宽有限的条件下,各个节点由于竞争通信资源而引起通信的阻塞或连接中断等因素也会导致数据包的丢失,从而引起信息传递出现全部或局部的丢失。

一般来说,闭环控制系统可以容忍一定数量的数据包丢失,但是研究数据包丢失情况下系统的稳定性以及系统可以承受的最大丢包率是一个关键问题。关于丢包问题对控制系统的影响,目前大多数学者主要从系统稳定性和动态特性的角度进行了研究。文献[49]从离散控制系统角度,综合考虑控制通道存在一定丢包率和数据传输时延的情况下,详细分析了控制系统的数学模型,给出了维持网络化系统均方稳定需满足的充分和必要条件。

## 4.2.3　控制算法的驱动方式

　　网络化控制系统中控制算法的驱动方式指的是在一个负反馈的闭环控制系统中,采用何种方式启动控制器的控制算法。为了维持物理对象被控参数的动态稳定,控制器需每隔一定时间运行一次控制算法更新控制器的输出值,对执行器产生作用,从而对系统产生闭环控制效果。控制器完成两次运算控制算法之间的时间间隔称为控制系统的控制周期(表示为 $T_c$)。在网络控制系统中,传感器、控制器和执行器的工作方式通常可分为时间(时钟)驱动和事件驱动两种方式。时间驱动是指网络中的各个节点按预定的时间周期规律性地工作,即在保持网络节点周期性工作的前提下,以固定周期($T_c$ = 常数)触发控制算法。此时,被控物理对象的输入向量将会以固定周期得到更新。事件驱动是指网络节点在特定事件发生时启动控制器控制算法的触发方式。在事件驱动工作方式下,被控物理对象的输入向量不会以固定周期得到更新。

　　围绕一个 MIMO 对象的控制系统,其网络结构不同,时钟驱动方式也可能是不同的。对于 MIMO 对象所有传感器(变送器)在同一地理位置的特殊情况,MIMO 对象输出端可采用一个传感器节点(高性能处理器)同时采集各个传感器的输出值。图 4-6 中,在处理器内部定时器触发下,传感器节点周期性地将所有传感器的输出值统一采集后一次性地发送给控制器。此时,处理器中设定好的定时器的溢出时间即闭环控制系统的控制周期。在这种传感器时钟驱动模式下,所有传感器的输出值将会被封装在一个数据帧中一次性发送给控制器。控制器在接收到这个数据帧后,开始解析出所有的传感器数据,在此基础上完成控制算法的运算。控制器执行完控制算法后,将控制器输出值发送给各个执行器,通过更新 MIMO 对象的控制输入信息,进而稳定被控物理参数。

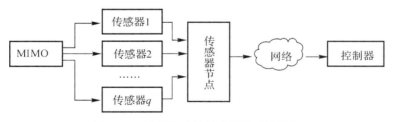

图 4-6　控制算法从传感器端开始触发

　　对于 MIMO 对象所有传感器(变送器)不在同一地理位置的情况(见图 4-7),为了保证所有 $q$ 个检测信息同步到达控制器,控制算法需从控制器端开始驱动。在控制器内部定时器驱动下,控制器在每个运算周期到达时需通过网络主动向各个传感器节点中的处理器获取检测信息。这种情况下,控制器获取各个传感器的检测信息可通过某种通信机制来实现。一般采用请求-应答机制可实现多个传感器数据的获取。采用控制器定时驱动时,为了保证系统控制的实时性,需保证控制器获取所有传感器数据时间与控制算法完成时间之和小于系统控制周期。

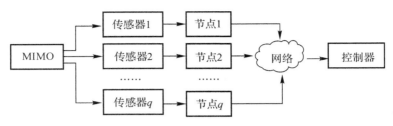

图 4-7  控制算法从控制器周期性触发

在考虑节点能源受限情况下[50]，可采用事件驱动方式。控制器的事件驱动是指传感器的测量信号通过通信网络到达控制器，控制器立即根据这个最新的数据计算控制量，然后传送给执行器来执行相应的动作。执行器的事件驱动是指执行器接收到控制器传送来的控制信号时立即执行控制命令，驱动被控对象的执行机构，进行相应的调节。在传统的网络化控制系统中，传感器一般采用时间驱动，而控制器和执行器既可以采用时间驱动，也可以采用事件驱动。事件驱动方式减少了节点间的通信次数，在一定程度上可降低节点能源的消耗，延长控制系统的运行时间。对于控制器来说，正常情况下处于低功耗的睡眠状态，当控制系统达到失稳的临界状态时，控制器会接收到唤醒中断信号，启动控制算法。当控制系统恢复到系统的稳定许可条件时，控制器将再次进入睡眠状态。一种采用基于欧氏距离的稳态误差判别实现的事件驱动控制方式如图 4-8 所示。一个 MIMO 对象输出参数的欧氏误差描述为

$$L = \sqrt{(y_1 - y_{s_1})^2 + (y_2 - y_{s_2})^2 + \cdots + (y_q - y_{s_q})^2} \qquad (4-2)$$

式中：$L$ 表示系统输出稳态误差的 $q$ 维欧氏误差；$(y_1, y_2, \cdots, y_q)$ 表示系统的 $q$ 维实时检测向量；$(y_{s_1}, y_{s_2}, \cdots, y_{s_q})$ 表示系统的设定输出向量。在采用事件驱动的控制系统中，当检测单元判断出欧氏误差超过系统输出允许的最大误差 $L_{max}$ 时，将给控制器发出触发信号。控制器收到触发信息后将启动控制算法实现控制信息的更新。图 4-8 中，在 $t_1$ 时刻系统稳态误差超过了最大允许值 $L_{max}$，此时开始触发控制算法的运行。到达 $t_2$ 时刻系统稳态误差恢复到最大允许值 $L_{max}$ 以内，控制器不再进行控制输出的更新，进入低功耗睡眠状态。

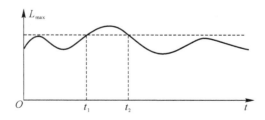

图 4-8  采用欧氏误差的事件触发方式

在控制器和执行器采用事件驱动情况下，节点驱动方式由本地定时器触发改为数据接收中断触发方式，系统不需要考虑各个节点的时钟同步问题，从而避免了控制器或执行器的同步困难问题。事件驱动方式在节点间有效数据传输减小的情况下，可进一步提高数据的利用率。但事件驱动方式在网络化控制系统中应用时，在发送数据包受限的情况下，由网络诱导时延、数据包丢失现象引起的系统失稳现象将会更加严重。文献[51]基于事件驱动和

状态反馈给出了一种网络化控制系统设计方法,并详细论述了能量消耗、数据包丢失、计算负荷之间的相互约束关系。

在设计网络化控制系统时,传感器、控制器和执行器节点要选择合适的触发方式,如果触发方式选择不当,会对系统的性能产生极大影响。在实际应用中需综合考虑系统稳定性、事件触发方式、控制和检测通道数据丢包情况、网络诱导时延的影响和相互约束关系。

# 4.3　SISO 与 MIMO 物理对象模型

被控物理对象的数学模型可从单输入-单输出(SISO)和多输入-多输出(MIMO)的实际情况进行描述。SISO 对象是一个输入变量控制一个输出变量的物理过程,本质上反映了一个输入变量如何影响输出变量的内部约束关系。图 4-9 反映出 SISO 对象实际上是一个输出变量 $y$ 与输入变量 $x$ 呈现出的一种泛函关系 $f(x)$,而输出变量 $y$ 与输入变量 $x$ 是随时间变化的物理量。实际应用中的 SISO 对象可由一个执行器、一个被控过程和一个传感器所构成。执行器的输入信息和传感器的检测信息可作为 SISO 对象的输入和输出物理变量。由于 SISO 对象的输入和输出变量均为标量,其控制方式相对简单一些,采用经典控制理论通过闭环负反馈,设计一个单输入、单输出控制器即可实现控制系统的稳定。SISO 对象的数学表述常用传递函数 $G(s)$ 来描述,而控制器的设计实际上是归结为控制器的传递函数设计问题(见图 4-10)。为了保持控制系统的稳定,设计控制器 $K(s)$ 需保证整个系统闭环传递函数的极点位于负半平面[52]。

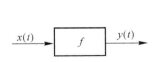
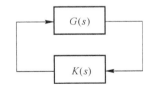

图 4-9　SISO 物理对象的数学模型　　　图 4-10　针对 SISO 对象的闭环控制系统

MIMO 对象的数学模型反映了多个输入物理变量影响多个输出物理变量的约束关系(见图 4-11)。MIMO 模型的输入信息为 $p$ 个物理变量,可用一个 $p$ 维输入向量来描述,表示为 $\boldsymbol{x}_p(t)$。$q$ 个被控物理变量为模型的输出物理变量,表示为向量 $\boldsymbol{y}_q(t)$。输出向量 $\boldsymbol{y}_q(t)$ 与输入向量 $\boldsymbol{x}_p(t)$ 之间的数学约束关系可用矩阵方程来描述,即

$$\boldsymbol{y}_q(t) = \boldsymbol{F}(t)\boldsymbol{x}_p(t) \tag{4-3}$$

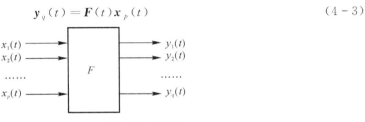

图 4-11　MIMO 对象的数学模型

采用传递函数矩阵的形式为

$$\boldsymbol{y}_q(s) = \boldsymbol{F}(s)\boldsymbol{x}_p(s) \tag{4-4}$$

其中

$$\boldsymbol{x}_p(s) = \begin{bmatrix} x_1(s) \\ x_2(s) \\ \vdots \\ x_p(s) \end{bmatrix} \tag{4-5}$$

$$\boldsymbol{F} = \begin{bmatrix} G_{11}(s) & G_{12}(s) & \cdots & G_{1p}(s) \\ G_{21}(s) & G_{22}(s) & \cdots & G_{2p}(s) \\ \vdots & \vdots & & \vdots \\ G_{q1}(s) & G_{q2}(s) & \cdots & G_{qp}(s) \end{bmatrix} \tag{4-6}$$

$$\boldsymbol{y}_q(s) = \begin{bmatrix} y_1(s) \\ y_2(s) \\ \vdots \\ y_q(s) \end{bmatrix} \tag{4-7}$$

式(4-6)中的 $\boldsymbol{F}$ 为 $q \times p$ 维矩阵。一般情况下,MIMO 对象的每一个输出变量都会受到多个输入变量的共同作用,即输入与输出物理量之间存在相互耦合作用。若 $\boldsymbol{F}$ 为 $n$ 维对角矩阵,有

$$\boldsymbol{F}(s) = \begin{bmatrix} G_{11}(s) & & & \\ & G_{22}(s) & & \\ & & \ddots & \\ & & & G_{nn}(s) \end{bmatrix} \tag{4-8}$$

则对象模型的输出向量与输入向量之间不存在耦合关系。此时控制器的设计划分为 $n$ 个独立的单输入-单输出控制器,分别控制 $n$ 个输入向量实现 MIMO 对象的控制。在 $\boldsymbol{F}$ 为非对角矩阵情况下,控制器的设计需考虑 MIMO 对象的可稳定性。控制器需同时读取 MIMO 对象的 $q$ 个检测信息,并同步输出 $p$ 个控制变量给控制器,实现被控参数的控制。

MIMO 对象的数学模型也可用状态方程的形式来描述。一个 $p$ 维输入、$q$ 维输出的线性模型的输入、输出关系可用如下状态空间模型来表述:

$$\left. \begin{array}{l} \dot{\boldsymbol{x}}(t) = \boldsymbol{A}(t)\boldsymbol{x}(t) + \boldsymbol{B}(t)\boldsymbol{u}(t) \\ \boldsymbol{y}(t) = \boldsymbol{C}(t)\boldsymbol{x}(t) + \boldsymbol{D}(t)\boldsymbol{u}(t) \end{array} \right\} \tag{4-9}$$

式中:$\boldsymbol{x}(t)$ 为模型的 $n$ 维状态向量;$\boldsymbol{u}(t)$ 为 $p$ 维输入向量;$\boldsymbol{y}(t)$ 为 $q$ 维输出向量,即

$$\boldsymbol{u}(t) = \begin{bmatrix} u_1 & u_2 & \cdots & u_p \end{bmatrix}^{\mathrm{T}} \tag{4-10}$$

$$\boldsymbol{y}(t) = \begin{bmatrix} y_1 & y_2 & \cdots & y_q \end{bmatrix}^{\mathrm{T}} \tag{4-11}$$

其中:$\boldsymbol{A}(t)$ 为 $n \times n$ 维系统矩阵;$\boldsymbol{B}(t)$ 为 $n \times p$ 维输入矩阵;$\boldsymbol{C}(t)$ 为 $q \times n$ 维输出矩阵;$\boldsymbol{D}(t)$ 为 $q \times p$ 维直接控制矩阵,该矩阵反映了输入向量对输出向量的直接控制作用。若模型的系统矩阵 $\boldsymbol{A}(t)$、输入矩阵 $\boldsymbol{B}(t)$、输出矩阵 $\boldsymbol{C}(t)$ 和直接控制矩阵 $\boldsymbol{D}(t)$ 是动态变化的,该模型为线性时变模型。在构建控制器时,可暂时认为 $\boldsymbol{A}(t)$、$\boldsymbol{B}(t)$、$\boldsymbol{C}(t)$ 和 $\boldsymbol{D}(t)$ 固定不变化,该

MIMO 模型为线性时不变模型。基于叠加定理，一个 MIMO 模型可看作 $u(t)$ 通过 $A(t)$、$B(t)$ 和 $C(t)$ 作用后产生的输出与 $D(t)$ 单独作用后的相加（见图 4 - 12）。在分析线性定常的 MIMO 系统时，可不考虑直接控制矩阵 $D$ 对稳定性的影响。

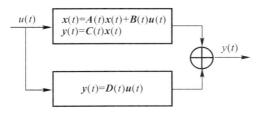

图 4 - 12　MIMO 对象的状态空间模型

由于 MIMO 模型本质上具有动态变化的特征，在设计控制器时需考虑模型变化对系统动态特性的影响，所以控制器的模型也应为动态的。在实际工程应用中可短时间内将 MIMO 对象视为静态模型，即线性时不变模型，在此基础上进行控制器的设计。

# 4.4　连续性系统的状态估计与控制器设计

连续性系统指的是控制系统的内部状态、控制向量和检测向量均为随时间变化并呈现平滑连续变化的动态系统。一个线性时不变连续性控制系统的结构如图 4 - 13 所示。图中 MIMO 模型以状态方程的形式给出，其中 $u(t)$ 为控制器输出的 $p$ 维控制向量，$y(t)$ 为控制器输入的检测向量，该向量为 $q$ 个传感器的检测值。控制器中 $u(t)$ 与 $x(t)$ 估计值之间的约束关系 $F$ 为控制规律。连续性控制器的设计需考虑 MIMO 模型的可稳定性和内部状态的可观测性，只有模型为可稳定且内部状态可观测才能设计一种控制规律 $F$ 使得整个闭环控制系统稳定。对于线性时不变 MIMO 模型来说，可稳定的充分和必要条件[53]是能控性判别矩阵 $Q_c$ 的秩为状态空间的维数 $n$，即

$$\text{rank} Q_c = \text{rank} \begin{bmatrix} B | AB | \cdots | A^{n-1}B \end{bmatrix} = n \tag{4-12}$$

可观测的充分和必要条件是能观性判别矩阵 $Q_o$ 的秩为状态空间的维数 $n$，即

$$\text{rank} Q_o = \text{rank} \begin{pmatrix} C \\ CA \\ \vdots \\ CA^{n-1} \end{pmatrix} = n \tag{4-13}$$

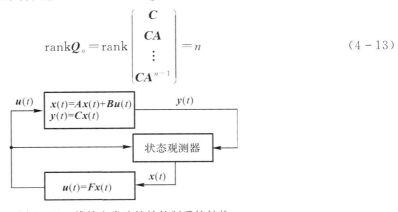

图 4 - 13　线性定常连续性控制系统结构

## 4.4.1　连续性系统的状态估计

连续性系统的状态估计问题为如何正确获取实时的 MIMO 模型的状态向量 $\boldsymbol{x}(t)$ 的具体值。由于 MIMO 模型为基于被控物理过程约束关系获得的数学表述,其状态向量 $\boldsymbol{x}(t)$ 一般不可直接测量,常常采用数学估计的方法得到其近似值。状态估计的准确性会影响到被控参数的精确性和控制系统的动态特性,太大的估计误差会引起闭环系统的不稳定。连续性控制系统常用的状态估计为龙伯格(Luenberger)状态观测器。状态观测器基于被控对象的输出 $\boldsymbol{y}(t)$ 和输入 $\boldsymbol{u}(t)$(即控制器的输出)实时获得 MIMO 对象的内部状态向量,其观测方程为

$$\dot{\hat{x}} = (\boldsymbol{A}-\boldsymbol{L}\boldsymbol{C})\hat{\boldsymbol{x}}+\boldsymbol{L}\boldsymbol{y}(t)+\boldsymbol{B}\boldsymbol{u}(t),\quad \hat{\boldsymbol{x}}(0)=\hat{\boldsymbol{x}}_0 \tag{4-14}$$

式(4-14)中的 $\hat{\boldsymbol{x}}$ 为 MIMO 模型内部状态的估计值,即观测到实际广义对象的工作状态。$\boldsymbol{L}=\bar{\boldsymbol{K}}^{\mathrm{T}}$,$\bar{\boldsymbol{K}}^{\mathrm{T}}$ 为在给定 $\bar{\boldsymbol{A}}-\bar{\boldsymbol{B}}\bar{\boldsymbol{K}}(\bar{\boldsymbol{A}}=\boldsymbol{A}^{\mathrm{T}},\bar{\boldsymbol{B}}=\boldsymbol{C}^{\mathrm{T}})$ 期望极点的情况下,满足 $\bar{\boldsymbol{A}}-\bar{\boldsymbol{B}}\bar{\boldsymbol{K}}$ 稳定条件的状态反馈矩阵。状态观测器的观测模型如图 4-14 所示。状态观测器本质上是获取观测器反馈矩阵 $\boldsymbol{L}$,其获取方式可按照以下几步进行。

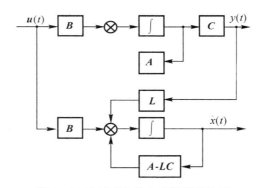

图 4-14　连续系统状态观测器结构图

(1)计算对偶系数矩阵 $\bar{\boldsymbol{A}}=\boldsymbol{A}^{\mathrm{T}}$,$\bar{\boldsymbol{B}}=\boldsymbol{C}^{\mathrm{T}}$;

(2)对 $(\bar{\boldsymbol{A}},\bar{\boldsymbol{B}})$ 和期望特征值组 $\{\lambda_1^*,\lambda_2^*,\cdots,\lambda_n^*\}$,采用极点配置算法,计算使

$$\lambda_i(\bar{\boldsymbol{A}}-\bar{\boldsymbol{B}}\bar{\boldsymbol{K}})=\lambda_i^*,\quad i=1,2,\cdots,n \tag{4-15}$$

的 $q\times n$ 维状态反馈矩阵 $\bar{\boldsymbol{K}}$。其中,$\lambda_i(\cdot)$ 表示所有矩阵的特征值。

(3)取 $\boldsymbol{L}=\bar{\boldsymbol{K}}^{\mathrm{T}}$;

(4)计算 $(\boldsymbol{A}-\boldsymbol{L}\boldsymbol{C})$;

(5)获得的状态观测器为

$$\dot{\hat{x}} = (\boldsymbol{A}-\boldsymbol{L}\boldsymbol{C})\hat{\boldsymbol{x}}+\boldsymbol{L}\boldsymbol{y}(t)+\boldsymbol{B}\boldsymbol{u}(t) \tag{4-16}$$

## 4.4.2　网络化控制系统的连续性驱动模型

控制系统中各控制单元之间的信息传递是否为以时间连续方式实时传递,决定了整个闭环系统是否可以作为一个连续型控制系统去进行数学分析。从广义对象模型的角度来看,执行器的输入、传感器的输出均为连续型的模拟变量,这种变量在时间上是连续变化的。为了实现对被控参数的精确控制并获得完好的系统动态特性,需通过构建连续性控制器实现被控对象的闭环控制。在采用连续型控制模型的前提下,基于模拟电路设计的控制器能够实现控制器输入变量与输出变量在时间上的连续性,即连续性控制规律能够产生实时的连续性输出。对于离散型控制器而言,由于控制算法的实现基于二进制程序代码的执行,输出控制变量需要一定的运算时间,且控制算法需每隔一个控制周期才能产生一个输出变量,本质上闭环控制系统为一个非连续控制系统。

离散系统的稳定性和动态特性的分析需采用 $z$ 变换或离散分析方法去分析。采用数字控制器的情况下,一个基于网络传输控制命令和检测信息的网络化控制系统如图 4 - 15 所示。图 4 - 15 中的网络化控制系统由数字控制器、用于传输控制命令和检测信息的数字化网络、广义被控对象、接收控制命令的执行器节点(数字接收装置)和发送检测信息的传感器节点(数字发送装置)构成。传感器端的数字发送装置对传感器输出的信号进行采样并量化后通过检测网络将数据发送给控制器。数字控制器接收到检测信息后随即开始控制算法的运行,控制算法运行结束将产生的控制数据发送给执行器端的数字接收装置。执行器端的数字接收装置接收到控制命令后随即修改执行器的输出信息,完成对被控对象的控制。这种基于时间驱动的控制方式要求传感器端的两次数据采样的时间间隔(采样周期 $T_s$)需大于控制算法的执行时间与数据传输时间之和。与物理对象惯性时间相比,在网络传输带宽较高、数据发送和接收装置采用的 CPU 运行速度较快和控制算法运行时间可忽略不计的情况下,传感器数据发送装置的采样周期可大大缩小。若该采样周期趋近于 0,即数据发送装置连续不断地完成采样与发送功能,其他装置采取接收即输出的工作方式,可将该闭环控制系统近似看作连续型控制系统去分析,即满足

$$\left.\begin{array}{l} T_c < T_s \\ T_s \to 0 \end{array}\right\} \tag{4-17}$$

式中:$T_c$ 为控制算法执行时间;$T_s$ 为传感器采样时间。若各个数据接收单元设置接收缓存,可大大发挥网络带宽和高速处理机的运算性能,使整个闭环控制系统性能够达到理想连续型控制效果。

## 4.4.3　连续型系统的网络化控制

在传感器通过检测通道持续向控制器发送检测数据、控制器通过控制通道持续向执行器发送控制命令的情况下,闭环控制系统可建模为连续性控制系统。闭环控制系统的设计可看作在设定值保持一定的情况下,如何维持多个被控参数的恒定问题。在将系统设定参数(向量)视为系统输入向量、被控参数视为输出向量的情况下,可将该闭环系统视为一个

MIMO 系统。维持该 MIMO 系统输出参数恒定的首要问题是设计控制器模型,在此基础上保证闭环控制系统的稳定性。

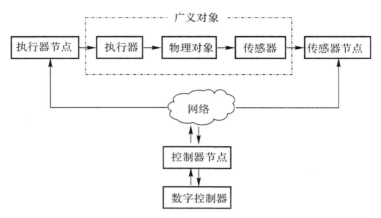

图 4-15　网络化控制系统结构图

图 4-16 中的控制器设计可采用状态反馈和输出反馈的方法求取控制器的数学模型。一个线性时不变的广义对象模型的状态空间模型可描述为

$$\left.\begin{aligned}\dot{\boldsymbol{x}}(t)&=\boldsymbol{A}\boldsymbol{x}(t)+\boldsymbol{B}\boldsymbol{u}(t)\\ \boldsymbol{y}(t)&=\boldsymbol{C}\boldsymbol{x}(t)+\boldsymbol{D}\boldsymbol{u}(t)\end{aligned}\right\} \tag{4-18}$$

式中:$\boldsymbol{x}(t)$ 为对象模型的状态向量。控制器中的状态反馈采用状态观测器估计该模型的状态向量,而输出反馈控制器直接基于被控参数的检测数据产生控制信号的输出。

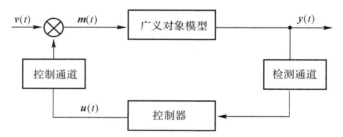

图 4-16　连续型网络化控制系统的闭环控制

在采用 Luenberger 状态观测器的情况下,观测器需要广义物理对象模型的输入和输出信号作为观测器的输入信号。在存在一定空间距离的情况下,由于没有直接通道使对象模型的输入信号直接传送给状态观测器,从而使 Luenberger 状态观测器难以产生状态估计值的输出。考虑到实际应用中闭环系统的设定值 $\boldsymbol{v}(t)$ 一般通过控制器进行设定,如果在控制通道中控制器直接将 $\boldsymbol{m}(t)$ 发送给执行器的数据接收装置,则状态观测器可从控制器输出端直接获取 $\boldsymbol{m}(t)$ 的数据值。其中,

$$\boldsymbol{m}(t)=\boldsymbol{v}(t)-\boldsymbol{u}(t) \tag{4-19}$$

状态反馈控制器是通过状态反馈矩阵 $\boldsymbol{F}$ 将对象模型的状态估计向量反馈到模型的输入端,即

$$u(t) = F\hat{x}(t) \tag{4-20}$$

实践证明,采用状态反馈的控制器可以任意配置闭环控制系统的极点。闭环控制系统的状态反馈模型为

$$\begin{aligned} \dot{x}(t) &= (A - BF)x(t) + Bv \\ y(t) &= Cx(t) \end{aligned} \right\} \tag{4-21}$$

为了保持该闭环控制系统的渐进稳定性,选择状态反馈矩阵 $F$ 时应使观测器的极点位于 $s$ 平面的左半部分,即使矩阵 $A - BF$ 的特征值具有负实部。极点的位置的选取会影响系统的动态特性。

输出反馈是以广义被控对象的输出作为反馈变量的一类反馈形式。对于具有连续时不变的线性广义模型,其输出反馈的闭环控制结构如图 4-17 所示。与状态反馈不同的是,输出反馈控制器直接通过反馈矩阵将被控参数的输出向量 $y(t)$ 反馈到广义模型的输入端。与状态反馈型控制器相比,输出反馈控制不需要通过状态观测器输出对象模型的状态估计值。输出反馈控制器的控制规律如下:

$$u(t) = Fy(t) \tag{4-22}$$

式中:$F$ 为输出反馈矩阵。为了保持闭环控制系统的稳定性,输出反馈矩阵 $F$ 需满足 $A - BFC$ 的特征值位于 $s$ 平面的左半部分,即其特征值

$$\lambda_i(A - BFC), \quad i = 1, 2, \cdots, n \tag{4-23}$$

具有负实部。

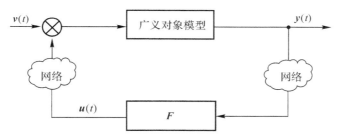

图 4-17　连续型网络化控制系统的输出反馈控制

输出反馈可通过选择不同的输出反馈矩阵 $F$ 使闭环控制系统保持稳定,但与状态反馈控制相比,输出反馈控制不能够任意设置闭环控制系统的极点。这种特性使得在保证系统稳定的情况下很难再保证系统的动态特性。从实际控制效果来看,在没有状态估计误差情况下状态反馈控制优于输出反馈控制。

# 4.5　离散系统的状态估计与控制器设计

离散控制系统与连续性控制系统的不同在于,由于广义对象的输出端存在采样和保持器、输入端间断性得到控制器的输出,使得系统的闭环控制过程本质上是一种"间歇"性控制。如果控制器采用微处理机以运行程序代码的形式实现控制算法,控制系统必然会呈现

"间歇"的特性。离散控制系统的稳定性定义、数学分析方法均与连续性系统有所不同。本节内容主要针对传感器输出端具有一定采样周期的网络化控制系统展开论述。

### 4.5.1 离散系统的网络驱动模式与数学模型

一个离散型网络化控制系统的闭环控制结构如图 4-18 所示。广义对象的输出端由数字发送装置对各个传感器的输出值进行定时采样,然后对所有检测值数字化后封装成一个数据帧,通过检测网络将该数据帧发送给控制器。数字发送装置可认为是包含有信号转换、A/D 转换器和高性能计算单元和通信端口的智能化设备,这里把安装在广义对象输出端的数据发送装置称为检测数据采集器,即传感器节点。广义对象输入端的控制数据接收器(执行器节点)由 CPU 计算单元、数据接收模块、D/A 转换器和输出信号转换单元构成,该接收器接收到控制器输出的控制指令后,将指令数据通过 D/A 转换、模拟量输出转换后驱动执行器以改变被控参数的大小。控制数据接收器接收数据时一般采用被动接收的方式,即当有控制数据到达时会触发处理机运行中的接收中断机制,在接收中断服务程序中向执行器输出控制信息。

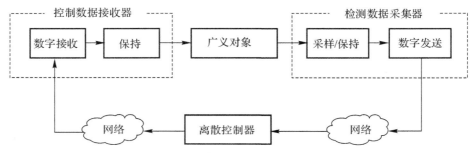

图 4-18 离散型网络化控制系统结构图

离散控制系统的网络驱动模式指的是如何启动一次数据的传输以实现闭环控制。采用定时驱动模式时,数据传输从传感器端开始。闭环控制系统的一个控制周期由以下 3 个阶段构成:

(1)检测数据采集器中的定时器溢出后,其内部处理器单元实时采集各个传感器的输出数据。将所有检测数据收集完成后,检测数据采集器将这些数据封装成帧并通过检测网络发送给控制器。

(2)控制器接收到检测数据后启动离散控制算法的运行,控制算法运行结束后将计算结果通过控制网络发送给执行器端的控制数据接收器。

(3)执行器端的数据接收器接收到控制器发送的数据帧后,解析该数据帧。解析结束后将控制数据进行 D/A 转换后输出控制信息给执行器,从而改变被控物理对象的输出参数,保持控制系统的稳定。

该控制过程中,控制器的控制算法由检测数据采集器中的定时器产生溢出后触发。该定时器的溢出时间为闭环控制系统的控制周期 $T$。按照闭环控制周期中所描述的 3 个执行阶段,$T$ 需满足以下条件:

$$T \geqslant T_s + T_c + T_{con} + T_{sample} \tag{4-24}$$

式中：$T_{sample}$ 表示数据采集器读取各个传感器的输出值所用时间；$T_s$ 表示数据采集器将检测信息通过网络传输到离散控制器的时间；$T_{con}$ 表示离散控制器运行一次控制算法所花费的时间；$T_c$ 表示离散控制器将运算产生的控制信息通过网络传输到执行器端的数据接收装置所用时间。

如果一个线性时不变的广义对象的数学模型为

$$\left.\begin{array}{l} \dot{\pmb{x}}(t) = \pmb{A}\pmb{x}(t) + \pmb{B}\pmb{u}(t) \\ \pmb{y}(t) = \pmb{C}\pmb{x}(t) + \pmb{D}\pmb{u}(t) \end{array}\right\} \tag{4-25}$$

通过系统控制周期 $T$ 离散化后，其离散模型可表示为

$$\left.\begin{array}{l} \pmb{x}(k+1) = \pmb{G}\pmb{x}(k) + \pmb{H}\pmb{u}(k) \\ \pmb{y}(k) = \pmb{C}\pmb{x}(k) + \pmb{D}\pmb{u}(k) \end{array}\right\} \tag{4-26}$$

式（4-26）中，

$$\pmb{G} = e^{\pmb{A}T}, \quad \pmb{H} = \left(\int_0^T e^{\pmb{A}T} dt\right)\pmb{B} \tag{4-27}$$

考虑到网络化控制系统中均存在状态干扰和输出干扰，一般用随机模型描述广义对象的动力学特性，即

$$\left.\begin{array}{l} \pmb{x}(k+1) = \pmb{G}\pmb{x}(k) + \pmb{H}\pmb{u}(k) + \pmb{\xi}(k) \\ \pmb{y}(k) = \pmb{C}\pmb{x}(k) + \pmb{D}\pmb{u}(k) + \pmb{\eta}(k) \end{array}\right\} \tag{4-28}$$

式中：$\pmb{\xi}(k)$ 表示 $n$ 维状态干扰向量；$\pmb{\eta}(k)$ 表示 $q$ 维输出干扰向量。在本书的分析过程中，均认为向量 $\pmb{\xi}(k)$ 和 $\pmb{\eta}(k)$ 的各个组成单元相互独立，且服从一定均值和方差的正态分布随机过程。式（4-28）随机模型中 $\pmb{D}$ 为直接作用矩阵，反映了模型输入 $\pmb{u}(k)$ 对模型输出 $\pmb{y}(k)$ 的直接影响。在 $\pmb{D}$ 为常数矩阵的情况下，系统的稳定性不受该矩阵的影响。在分析和设计离散控制器时，考虑的广义模型可简化为

$$\left.\begin{array}{l} \pmb{x}(k+1) = \pmb{G}\pmb{x}(k) + \pmb{H}\pmb{u}(k) + \pmb{\xi}(k) \\ \pmb{y}(k) = \pmb{C}\pmb{x}(k) + \pmb{\eta}(k) \end{array}\right\} \tag{4-29}$$

## 4.5.2　离散系统的状态估计

和连续性控制系统一样，离散系统的状态观测器也是为了获取广义对象状态向量的实时估计值。图 4-19 给出了基于状态反馈构建的一个闭环控制系统。该系统中的离散型控制器由状态观测器和状态反馈矩阵 $\pmb{F}$ 构成。状态观测器利用控制器通过网络接收到的检测向量 $\pmb{y}(k)$ 和上个控制周期的输出向量 $\pmb{u}(k-1)$ 估计出广义对象当前状态向量 $\pmb{x}(k)$ 估计值，该计算过程为状态估计算法。卡尔曼滤波器是一种常用的状态估计算法[54-57]。在状态干扰向量和输出干扰向量均服从正态分布的情况下，采用卡尔曼滤波器获得系统状态估计的迭代方法如下。

（1）任意给定状态初值向量的估计值 $\hat{\pmb{x}}_{k-1}$ 和误差协方差矩阵 $\pmb{P}_{k-1}(P_{k-1} \neq 0)$，计算出

先验状态估计向量(一步最优估计,即基于 $k-1$ 时刻的估计量)

$$\hat{\boldsymbol{x}}_k^- = \boldsymbol{A}\hat{\boldsymbol{x}}_{k-1} + \boldsymbol{B}\boldsymbol{u}_{k-1} \qquad (4-30)$$

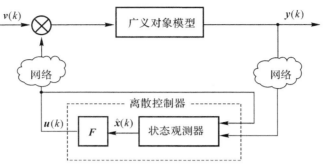

图 4 - 19　离散型网络化控制系统的状态反馈控制

(2)计算先验误差协方差矩阵

$$\boldsymbol{P}_k^- = \boldsymbol{A}\boldsymbol{P}_{k-1}\boldsymbol{A}^{\mathrm{T}} + \boldsymbol{Q} \qquad (4-31)$$

式中:$\boldsymbol{Q}$ 为控制通道干扰向量的协方差矩阵。

(3)计算卡尔曼增益矩阵

$$\boldsymbol{K}_k = \boldsymbol{P}_k^- \boldsymbol{C}^{\mathrm{T}}(\boldsymbol{C}\boldsymbol{P}_k^- \boldsymbol{C}^{\mathrm{T}} + \boldsymbol{R})^{-1} \qquad (4-32)$$

式中:$\boldsymbol{C}$ 为观测矩阵;$\boldsymbol{R}$ 为量测噪声向量的协方差矩阵。

(4)计算状态向量的估计值

$$\hat{\boldsymbol{x}}_k = \hat{\boldsymbol{x}}_k^- + \boldsymbol{K}_k(\boldsymbol{y}_k - \boldsymbol{C}\hat{\boldsymbol{x}}_k^-) \qquad (4-33)$$

式中:$\boldsymbol{y}_k$ 为观测向量;$\hat{\boldsymbol{x}}_k$ 为系统状态的最小方差估计。

(5)更新误差协方差矩阵,为下一步迭代做准备

$$\boldsymbol{P}_k = (\boldsymbol{I} - \boldsymbol{K}_k\boldsymbol{C})\boldsymbol{P}_k^- \qquad (4-34)$$

## 4.5.3　离散系统的网络化控制

采用状态反馈的离散控制器,需完成的计算包括状态估计算法和闭环控制算法。采用卡尔曼滤波器获得对象的状态估计需经过多次矩阵运算,其占用处理器的运行时间比状态反馈控制算法长一些。这种情况会延长系统的闭环控制周期,在实际应用中应考虑系统控制实时性与最长允许控制周期的相互约束关系。采用状态反馈的控制算法为

$$\boldsymbol{u}(k) = \boldsymbol{v}(k) - \boldsymbol{F}\hat{\boldsymbol{x}}(k) \qquad (4-35)$$

式中:$\boldsymbol{F}$ 为状态反馈矩阵。将该式代入对象模型方程,得到

$$\left.\begin{array}{l}\boldsymbol{x}(k+1) = \boldsymbol{G}\boldsymbol{x}(k) - \boldsymbol{H}\boldsymbol{F}\hat{\boldsymbol{x}}(k) + \boldsymbol{H}\boldsymbol{v}(k) + \boldsymbol{\xi}(k) \\ \boldsymbol{y}(k) = \boldsymbol{C}\boldsymbol{x}(k) + \boldsymbol{\eta}(k)\end{array}\right\} \qquad (4-36)$$

如果对象能观测,并近似认为

$$\hat{\boldsymbol{x}}(k) \approx \boldsymbol{x}(k) \qquad (4-37)$$

闭环系统的状态方程可表示为

$$\left.\begin{array}{l} x(k+1)=(G-HF)x(k)+Hv(k)+\xi(k) \\ y(k)=Cx(k)+\eta(k) \end{array}\right\} \qquad (4-38)$$

为了保持控制系统的渐进稳定性,选择状态反馈矩阵 $F$ 时应使闭环系统的极点位于复平面的单位圆内,即矩阵 $G-HF$ 特征值的模需小于 1。状态反馈矩阵 $F$ 的不同会影响到闭环系统极点的位置,其动态特性也会受到不同程度的影响。

# 4.6　本 章 小 结

本章以构建闭环网络化控制系统为前提,在以数字化网络传输控制命令和检测信息的情况下,给出了以不同通信方式构建控制通道和检测通道过程中所面临的问题,分析了不同网络结构对控制系统运行特性的影响。详细论述了在系统中存在网络诱导时延、数据丢包及不同控制系统驱动方式情况下,构建闭环状态反馈控制器需考虑的问题。以连续性和离散型控制系统的数学模型为基础,分别给出阐述了闭环网络化控制系统的状态估计策略和以状态反馈为基础的控制器设计方法,并给出了系统稳定的条件。

通过本章的学习,读者可了解以于不同地理位置的多个执行器、传感器构建网络化控制系统的分布结构和特点,为进一步分析闭环网络化控制系统中控制器的设计提供理论基础。

# 第5章　网络化控制系统的运行安全及网络攻击形式

将数字化网络应用到工业生产自动化和企业信息系统,不仅能够降低企业成本,还可提高其劳动生产率,从总体实现对企业生产的科学化管理。但是,随着控制网络和管理网络的深度融合及信息网络不断向外延伸和拓展,对于实现底层控制任务的网络化控制系统而言,其网络节点将面临网络攻击的危险。而企业信息一旦被黑客窃取后,也可能影响到底层网络化控制系统的安全运行。本章将从控制网络安全、网络攻击形式和安全防护角度阐述控制系统的运行安全问题。

## 5.1　工业控制系统中的安全问题

在底层控制网络向上开放,与企业信息网络、国际互联网一体化组网的情况下,由于各种操作系统存在一定的安全漏洞,位于网络底层的网络化控制系统必然呈现出运行安全脆弱性问题。控制系统中运行的各种网络化设备极有可能被网络黑客所入侵,恶意攻击者可通过各种网络破坏系统的正常运行以达到非法目的。入侵者轻则可窃取企业敏感信息,重则可干扰系统的正常运行,甚至破坏系统中的相关设备并造成严重的安全事故。控制系统对网络的依赖程度越大,由于其网络安全问题所产生危害的可能性就越大。网络化控制系统所面临的网络入侵、故障、攻击等威胁不但影响控制系统本身的运行,还会对企业自身生产、居民的生活环境、社会经济发展等产生严重影响。

引起网络攻击行为事故的原因是多方面的,工程师在设计工业控制系统时需将系统防护、数据保密等安全措施纳入其中。影响工业生产中的网络化控制系统运行安全的因素有多种,主要包括信息系统安全、信息网络的安全及底层设备网络的安全等,本章将依次对这几种因素进行分析。

### 5.1.1　企业信息系统安全

鉴于目前工业控制网络、企业管理网及物联网具有逐渐深度融合的趋势,信息网络的安全问题必然会影响到控制网络甚至是控制系统的安全性。近些年来,全球重大工业信息安全事件频繁发生在电力、水利、交通、核能、制造业等领域,不仅给相关企业造成重大的经济损失,甚至会威胁国家的战略安全[58]。工业企业的信息系统的安全指的企业内部网络中的计算机节点其软件功能均维持正常运行功能,不能发生非法安装隐藏计算机进程行为,或存在占用操作系统资源运行钓鱼程序和恶意代码现象。另外,为了维护自身利益,与企业生产有关的生产数据、产品指标、运行参数等相关数据不易被黑客所窃取或修改。一般情况下,企业数据一般存储于建立在企业局域网基础上的内部服务器或基于国际互联网的云服务器上。目前,企业内部客户机与服务器之间的数据交互大都采用操作系统加网络数据库的形式。因此,工业企业的信息系统的安全可归结为操作系统的安全和网络数据库的安全。

目前很多工业监控软件的设计都依靠 Windows 操作系统,目前应用比较广泛的监控软件有西门子公司的 WinCC、Wonderware 公司的 Intouch、GE 公司的 IFix 等。这些软件都是基于微软 Windows 操作系统基础上开发的应用软件,由于 Windows 本身存在开放性和脆弱性等问题,所以控制系统的安全性也就无法得到保障。大多数监控软件的二次开发工具一般会提供通过操作系统直接操作底层硬件的驱动库,这为黑客直接攻击底层物理设备提供了可能性。著名的"震网"病毒就是利用了 Windows 和西门子公司组态软件 WinCC 的漏洞直接攻击了系统硬件,造成了上千个离心机的损毁[59]。目前高级持续性威胁(Advanced Persistent Threat,APT)攻击已成为工业信息安全的主要威胁之一[60]。APT 是一种利用先进的攻击手段对特定目标进行长期持续性潜伏和跟踪的攻击形式,其攻击原理相对于其他攻击形式更为高级和先进,主要表现为发动攻击之前对攻击对象的业务流程和目标数据进行精确的收集[61]。攻击者针对特定目标进行程序代码的渗透,长期潜伏而不被发现。通过在目标企业的网络中非法植入木马程序,不断收集企业的敏感信息、寻找目标、伺机行动,在适当时候发起 SQL 注入、网络钓鱼等攻击行为,利用操作系统漏洞对企业生产的运行参数进行修改,甚至直接随意操控工业设备,造成物理对象的直接损毁[62]。目前企业的信息安全防护一般采用防火墙的方式对恶意软件和攻击代码进行隔离,在一定程度上能够起到阻止企业信息泄露和运行参数被修改的作用。文献[63]针对 APT 攻击行为引起的入侵事件,提出了一种基于时间的网络威胁预测模型,通过分析该模型不同入侵行为的相互关系,给出了系统当前的威胁预测概率。自 2010 年以来,随着多种新型 APT 网络攻击形式不断出现,工业企业的安全生产面临着新的威胁,传统的网络安全及计算机病毒防治公司正面临着新的挑战。

SQL 注入攻击是比较常见的网络数据库攻击方式之一。该攻击行为为非法程序员编写的黑客程序通过调用 SQL 语句,通过无账号登录达到非法读取服务器中数据库中的数据或篡改数据库中关键数据的目的。SQL 注入攻击主要是在 Web 表单、域名或 URL 页面请求中插入带有攻击性的 SQL 命令,以欺骗服务器在毫不知情的情况下,错误地执行含有恶意 SQL 代码的片段,以此实现 SQL 注入攻击[64]。目前在我国物联网技术飞速发展,网络带宽不断提高及企业信息网络不断向外延伸的情况下,很多企业为了节省成本,已不再在企业内部建立服务器,而是向专业的计算机公司租用数据库空间或以云数据库的形式为企业服务。这种情况下,数据库的安全问题将更加突出。

## 5.1.2　企业信息网络安全

企业信息网络的安全指的是为实现企业内部网络中节点之间数据交换功能的设备能够维持正常的数据交换或协议转换功能,且网络中的节点能够维持正常的数据发送和接收的秩序。目前工业控制系统中广泛使用的数据网络分为现场设备互联网络、企业内部管理网络及通过互联网与企业内部网络互联的外部网络等多个部分(见图 5-1)。

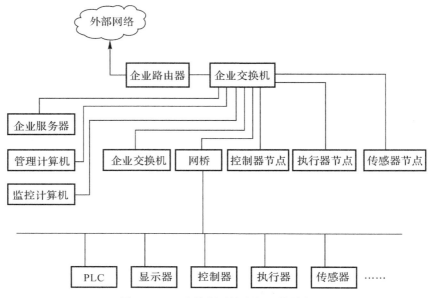

图 5-1  工业控制系统中的网络结构

实际上,为了实现科学化管理,企业内部的数字化网络表现为多种通信标准和网络协议并存。工业以太网由于资源共享能力强、容易组网和技术支持广泛等优势,许多工业系统设计公司都将工业以太网引入现场设备层,以数据交换方式代替了传统主-从结构下的点对点通信方式[65-66]。管理网络通过网关或数据交换设备可直接与现场设备进行数据交换,与产品制造相关的生产、运行参数及与控制系统特性相关的系统参数可通过管理网路进行在线设置和修改。为了实现数据的外部访问,企业内部的管理网络一般通过企业路由器直接连接到外部互联网络。目前采用 TCP/IP 协议、使用嵌入式操作系统并具备完全开放互联功能的智能化工业控制产品已广泛应用在工业控制系统中[67]。

在信息网络和工业控制网络中广泛使用基于 TCP/IP 协议等数据透明传输技术的同时,企业内部网络的运行和数据安全不得不面临网络攻击的挑战。工业控制网络与企业管理网络通过工业以太网相互连接,在网络防护措施薄弱(如 TCP/IP 协议的开放性、设计缺陷、工业应用漏洞等)的情况下,导致攻击者很容易通过企业网络间接入侵工业控制系统。目前大量的工业控制设备存在通用性,这些设备在工业控制系统应用中一般采用具有开放性通信协议的软件和硬件产品。由于这些通用设备自身存在一定的安全漏洞,所以使用这些设备的控制系统在运行过程中必然会存在极大的安全隐患。目前,我国企业在采用微软Windows 操作系统和 TCP/IP 协议族构建内部网络的基础上,基本上全部使用微软公司提供的网络开发工具开发应用软件,网络中的数据交换设备也均是在 TCP/IP 协议基础上进行设计的,以实现企业的数字化管理功能。鉴于 TCP/IP 协议已完全开放,且市场上大量存在着集成该协议的软件代码和集成电路产品,这为网络攻击者实现远程攻击提供了条件。

维护企业信息网络的正常运行需保证数据交换机和服务器的正常功能。信息网络的攻击者一般通过攻击交换机或占用网络带宽的方法,达到瘫痪企业内部网络或降低节点间数据交换效率的非法目的。很多网络交换机产品投入运行后都提供固件的在线更新和版本升级功能,这为黑客提供了攻击的可能性。网络交换机固件更新时,运行中的固件升级程序会询问远端服务器是否有新的固件版本,如果有,则会从合法服务器下载合法固件到该交换机实现版本的升级。若服务器受到攻击后,使网络交换机下载了伪装性非法更新的固件版本,则其数据交换功能必然受到影响。占用网络带宽的攻击者是充分利用了 TCP 协议中需要链接的客户机-服务器通信机理,在攻击者以客户机身份持续不断向某一服务器提出链接请求后,造成该服务器持续响应该客户机,而不能及时响应正常客户机数据请求的现象,形成对合法客户机的拒绝服务(Denial of Service,DoS)。

## 5.1.3　网络化控制系统的运行安全

网络化控制系统的运行安全指的是闭环系统中通过网络传输的控制命令和检测信息不容易被攻击者破解或识别,或控制系统在受到网络攻击下仍能够保持其稳定性和可接受的动态特性。攻击者对网络化系统的攻击即可对信息传输通道(控制通道和检测通道)进行阻塞性攻击,也可对执行器节点、传感器节点或控制器节点展开攻击。

对信息通道的攻击最普通的方式为攻击者通过技术手段使控制器不能接收到传感器节点发出的检测信息,或使控制器发出的控制命令不能到达执行器节点,从而使闭环控制系统失去应有功能。在检测通道或控制通道发生被攻击者完全阻塞的情况下,网络化系统将丧失闭环控制功能。目前关于网络化控制系统数据传输通道被占用的研究,主要集中在检测通道发生一定占用率的情况下展开,探索检测通道被部分占用后闭环控制系统的弹性稳定问题。对于发生在控制通道的攻击行为,因执行器直接对物理对象产生影响,故控制器的补偿策略无法对物理对象产生弹性控制作用。对于此类执行器的攻击,可在执行器节点运行攻击检测策略,若执行器节点长期接收不到合法控制命令可认为系统中存在控制通道阻塞新攻击行为,可启动应对措施对物理对象形成有效防护。

对于发生在执行器节点、传感器节点或控制器节点的攻击行为,可分为针对固件的攻击和数据注入攻击两种情况。固件攻击属于篡改节点处理器运行代码的攻击行为,固件之所以能被修改主要是因为目前大部分单片机和智能处理器通过通信口提供在线复位和在线编程功能。已有相关报道,由于设备使用方没有按时结清付款造成某种型号的控制器被远程停机的现象。攻击者通过篡改仪表固件,在保持原有功能的同时,会运行潜伏型信息收集程序,在条件成熟时对控制系统展开攻击,造成系统数据泄露甚至系统失控或设备损毁的后果。

数据注入攻击是攻击者通过设置攻击节点对网络化系统中的功能节点发生主动攻击的一种恶意行为。攻击节点通过获取传感器节点的输出信息和执行器节点的输入信息,在掌握物理对象实际情况和数学机理的基础上,向各个节点发送虚假检测信息和控制命令,造成物理对象的输出参数偏离设定值的情况。一般来说,通过信道传输的二进制信息是很容易被攻击者所获取的,但其中隐含的数据信息能否被攻击者所破解体现了一个网络化控制系统是否安全的重要指标。为了使传输信息和传输格式不被攻击者识破,数据发送方会采用对传输信息进行加密的手段进行防护,数据接收方则利用已知密码进行数据解码以获取有效的控制命令和检测信息。文献[68]以一个通过加密网络控制的直流电机转速控制系统为例,详细阐述了在资源受限情况下网络安全与系统性能之间的相互制约关系,给出了可量化的系统性能指标和安全矩阵,并定义了一种可折中描述系统性能的目标函数。对于攻击者来说,通过各种手段获取数字密码是进行网络攻击的主要手段之一。随着微型处理器运行速度的不断提高,各种数学破解方法和破解手段通常以攻击程序和恶意代码的方式实现,传统的数字加密方法正面临新的挑战[69]。

# 5.2　工业控制系统中的网络攻击形式

生产过程中的网络化控制系统基于工业以太网或现场总线的方式构建,攻击者可通过外部互联网、内部管理网络中的计算机或底层网络接入点直接对网络控制系统中的控制器节点、执行器节点或传感器节点产生攻击行为[70]。本章将工业控制系统中发生的攻击行为按照企业信息系统攻击、工业网络攻击及控制系统中设备的攻击三种类型,分别对其攻击形式进行分析。

## 5.2.1　针对企业信息系统的攻击

针对企业信息系统的攻击分为对企业数据库的攻击和对操作系统的攻击两种行为[71-72],这两种攻击行为均可对工业生产造成巨大损失。图5-2给出了基于工业以太网构建、采用客户机/服务器访问方式的数据库访问结构。正常情况下,通过网络交换机互联的多个客户机可与数据库服务器进行数据交换,在获得合法授权的情况下,客户机可对数据库的内容进行录入、修改、查询和删除操作。如果一个非法接入的攻击设备通过交换机的某一端口非法接入企业内部网络,并通过非法手段获得数据库服务器访问授权的情况下,可对运行企业数据库的服务器展开攻击。在没有获得数据库访问授权的情况下,某些攻击者也可通过SQL注入、非法钓鱼的方式对数据库服务器进行攻击。攻击者轻则窃取数据库中的内容,重则通过网络修改某一指定数据库中某个表中某个字段的内容,或删除某段时间内某个数据表中的相应数据。

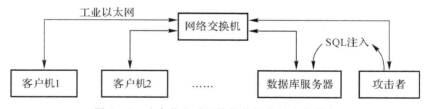

图5-2　攻击节点对网络的数据库的攻击形式

正常情况下,企业服务器中的数据库中除了存放每日的生产数据外,往往还存放与控制系统性能相关的运行数据,如被控参数的设定值、设备的运行参数、系统运行时间段及能耗指标等。这些数据一旦被攻击者所修改,会破坏企业的正常运行,增加企业的运行成本,甚至直接造成设备的非正常运行。

　　针对操作系统的攻击行为指的是发生在某个智能节点上,且该节点运行 Windows/Linux 操作系统,攻击者利用操作系统的安全漏洞展开的攻击行为。攻击行为的发起者为一个小的木马程序,该木马程序可通过存储介质或网络传播手段隐秘地安装在该节点的硬件资源上,并在操作系统支持下运行起来,待时机成熟时发动网络攻击,期望达到非法目的。有的木马程序会调用计算机中具有直接操作底层硬件设备能力的动态链接库,实现操纵执行器节点,或通过远程复位、重写 Flash 中的二进制代码来完成攻击任务。对于现有的控制器和 PLC 来说,生产厂家一般会提供 Windows / Linux 操作系统下的二次开发功能。通过二次开发包(SDK),使用者可以开发出能够通过控制器和以太网直接操控工业现场的开关量和模拟量的应用软件[73-74]。应用软件开发者会直接调用控制器厂商封装好的动态链接库( * .dll)所提供的 API 函数,或者调用操作系统提供的标准函数或控件来编写符合控制器的通信协议来操作底层硬件(见图 5 - 3)。有的开发包还提供了通过工业以太网或串行口直接擦除、更新存放应用代码的 Flash 芯片功能。这种 SDK 使用的方便性及底层协议的透明性,使得非法技术人员能够非常容易地开发出在监控计算机上运行的攻击程序[75-76],为网络黑客直接攻击控制器和底层硬件设备提供便利。

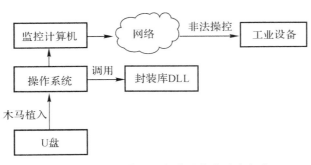

图 5 - 3　木马程序针对操作系统的攻击行为

## 5.2.2　针对闭环控制网络的攻击

　　针对工业网络的攻击指的是攻击者通过网络控制系统中的通信链路对控制系统进行破坏从而影响系统稳定性和动态性能的攻击行为。对于采用工业以太网方式相互连接的智能化传感器节点、执行器节点及控制器节点来说,一般会提供 TCP 和 UDP 两种透明的通信协议。

　　以 TCP 方式进行通信的仪表必须将其工作方式设置为服务器方式或客户机方式。在客户机工作方式下的仪表首先向工作在服务器方式下的仪表提出链接请求,经服务器仪表应答后双方再进行数据传输,是一种有链接的通信方式。攻击者可利用 TCP 链接协议中的三次握手对服务器仪表发起泛洪攻击(flooding attack)[77-78]。正常情况下服务器仪表只响应合法客户机仪表的数据请求并做出应答。当具有某一伪装合法 IP 地址的攻击者对某一服务器仪表进行连续不断的数据请求时,将非法大量占用服务器资源,正常客户机仪表将不能及时得到该服务器仪表的正常应答。在这种情况下,由于在一定时间内服务器仪表对客户机仪表的拒绝服务,控制系统的动态性能会受到一定程度的影响。这种攻击者针对服务器的攻击行为称为 DoS 攻击。图 5-4 给出了采用 TCP 协议下 DoS 攻击示意图。

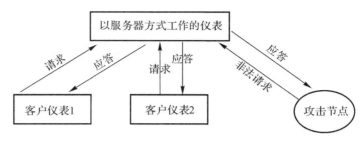

图 5-4　TCP 协议下的 DoS 攻击示意图

UDP 协议是一种数据收发双方无需链接的通信方式,以 UDP 方式进行通信的仪表直接发送数据包给具有某一 IP 地址的仪表而不需要请求链接。图 5-5 给出了攻击者伪装成合法节点的 IP 地址,对某一节点发送 UDP 数据包时,会引起该节点不能正确接收合法节点 UDP 数据的情况[79],这种攻击行为称为数据篡改或数据注入攻击。控制器在接收到虚假检测信息的情况下,会输出错误的控制信息给执行器节点,从而引起被控物理参数出现较大的超调量甚至失稳。执行器节点接收到虚假的控制信息后,会直接影响到被控物理对象的输出值,严重时会长时间对物理设备进行非法操控。非法数据注入攻击行为会对控制系统的性能带来恶劣影响,严重时会使执行器在极限状态工作,长时间会损毁设备。

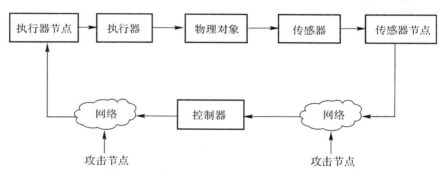

图 5-5　采用 UDP 协议攻击网络化控制系统

## 5.2.3　针对网络节点设备的攻击

针对网络化控制系统中运行的节点设备进行攻击,指的是攻击者直接修改传感器节点、执行器节点或控制器节点的运行程序,或对依赖操作系统运行的仪表植入木马程序并展开有针对性的攻击行为。三种非法行为的攻击形式如下。

(1)对传感器的攻击表现为攻击者在检测仪表中植入恶意程序代码,使其输出不代表真实信息的虚假数据。有时也表现为恶意程序控制检测仪表向控制器输出攻击信号的同时向通信口输出虚假数据,达到欺骗监控计算机的目的。针对一个数字传感器的攻击行为如图

5-6 所示。

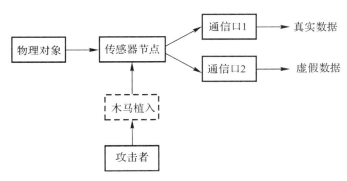

图 5-6 网络化控制系统中针对传感器的攻击

(2)对控制器的攻击表现为攻击者在修改控制器运行程序代码基础上,导致原有控制算法被更改,或直接向执行器节点输出恶意控制信号,或以非法方式修改闭环控制系统的控制参数,或向监控计算机发送虚假的欺骗信息等。控制器之所以能被篡改运行代码,主要是其给客户开放的可编程任务部分提供通过以太网接口实现下载功能,而控制器复位后启动固件代码对用户任务代码进行在线更新(见图 5-7)。对于运行嵌入式系统的控制器,一般在 U-BOOT 中提供在线更新运行代码的功能。

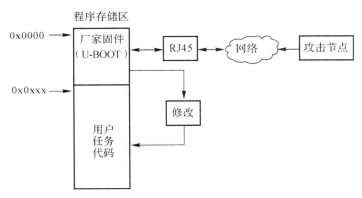

图 5-7 控制器中的用户任务代码被攻击者通过网络所修改

(3)对执行器节点的攻击表现为,攻击者能够使执行器节点不接受控制器正常输出的控制命令,攻击程序通过执行器节点自主操作执行机构,并向监控计算机输出虚假控制信息。非法接入工业网络的攻击节点通过开放的通信协议蓄意对电磁阀、开关型等智能化设备的操作也属于执行器的攻击行为。对控制系统执行器节点的攻击可能来自局域网计算机、外部网络中具有某一 IP 地址的攻击节点。攻击者也可直接模拟编程软件或某种组态软件向控制器(PLC)或执行仪表发送控制命令进行违规操作[80-81](见图 5-8)。

在系统运行过程中,监控计算机通过与控制器点对点通信方式或工业以太网以数据交换的方式获取现场传感器、执行器等相关数据和运行参数。当通过控制器读取数据时,已遭受隐藏攻击的控制器会向监控计算机发送虚假信息,这种虚假信息可以骗过监控计算机和工作人员。受到程序篡改后的控制器,其运行代码(Flash/RAM 中的二进制信息)也可由攻击节点非法调用 SDK 工具包提供的 API 函数进行修改,在特定情况下可绕过操作人员非法向执行器发出控制命令[82-83]。此时,即使由不可能受到攻击的模拟型仪表组建的控制系统也可能发生恶性事故。

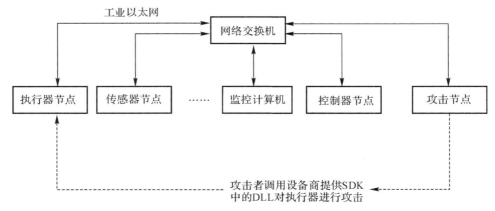

图 5-8　攻击者调用动态链接库直接对运行设备发动攻击

当传感器和执行器通过工业以太网与监控计算机通信时,处于网络中的传感器、执行器和控制器都有可能遭到网络攻击[84-85]。在传感器没有受到攻击的情况下,针对控制系统的大部分攻击行为可以通过检测传感器均值是否发生变化,或检测值是否超出允许范围检测出来。在控制器控制功能正常情况下,针对执行器的攻击可通过控制器的控制算法反映到传感器的输出上,通过传感器值的变化可检测出该攻击行为。当传感器遭受攻击时,如果输出信号不能正确反映物理变量,且输出在合理范围之内,并能够欺骗控制器和监控计算机的攻击为传感器的隐藏攻击。同样,不接受控制器正常的控制指令、恶意控制执行机构、其输出数据能够欺骗监控计算机的攻击行为称为执行器的隐藏攻击。控制器的隐藏攻击表现为向监控计算机发送虚假数据,而实际控制功能却悄悄发生变化,并向执行器发送错误指令。

# 5.3　工业控制系统的异常检测及安全防护

从工业自动化系统运行安全及系统攻击防护角度考虑,可分为信息系统安全及防护、服务器运行安全及防护、信息网络安全及防护和控制系统安全及防护四个方面的内容,每个问题的研究主要可分为异常检测及安全防护两个方向[86]。

工业自动化信息系统安全及防护指的是与企业生产有关的生产数据、产品指标、运行参数等数据不被黑客所窃取或修改。这些数据一般存储于企业内部服务器或基于互联网的云服务器上。目前,企业内部计算机与服务器之间的数据交互都采用操作系统和网络数据库的形式,因此工业企业的信息安全可归结为操作系统和网络数据库,即服务器的安全与防护。对于发生在操作系统和服务器层面的网络攻击行为,可通过对服务器和客户机节点上运行的操作系统加强防护功能以提高系统运行的可靠性。针对数据库的网络攻击行为,除了选择高可靠性和安全指数较高的数据库产品外,可通过专业反 SQL 注入软件提高数据库系统的安全性。文献[87]为了解决传统手段在实时高速网络流量环境下 SQL 注入行为检测准确度和效率之间无法达到较好平衡的问题,提出一种基于深度学习模型的 SQL 注入行为实时在线检测的方法。针对操作系统的网络攻击行为,通过在客户机节点安装抗病毒软件和防火墙工具在一定程度上可以起到防护作用(见图 5-9)。这两种措施是在攻网络攻击行为发生之后采用的防护策略,对于一些新型的网络病毒和攻击程序,需经过工程技术人员添加反映网络攻击的特征代码才可产生防护效果。

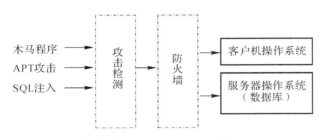

图 5-9　信息系统的防护方法

　　对于发生在信息网络的攻击行为,采用具有攻击检测和防护功能的网络交换机可在一定程度上起到防护作用。鉴于目前网络攻击的主要对象是针对工业以太网,在网络交换机中增加非法 IP 检测、带宽占用检测及非法数据包识别功能,可实现数据包的安全转发。文献[88]针对不同安全等级的数据网络,提出了一种全新的数据交换方案。文献[89]基于网络流量的数据特征提出一种针对控制系统的异常检测方法,将这种方法嵌入交换机的运行程序中可以实时给出发生攻击行为的报警信号。

　　对于发生在控制系统底层网络的攻击行为,其防护措施可采用往控制器中添加异常检测算法以检测控制系统的异常行为(见图 5-10)。针对部分木马程序通过非法控制各种检测和控制仪表、占用网络带宽等形式对控制系统进行数据篡改、数据注入或数据回放等攻击行为,可通过将控制系统的异常检测算法、系统安全防护策略、状态估计和控制算法作为控制器的组成部分,采用协同策略提高控制系统的安全性和可靠性。对于可靠性要求高的关键控制系统,必要时可针对某一控制系统单独设立异常检测器进行实时监测。

　　针对网络化控制系统的运行安全问题,部分学者从系统行为异常检测和网络攻击下的弹性稳定等不同角度分别进行了研究。在充分考虑工业信息物理系统中计算、通信和控制等众多异构资源混杂和动态影响的情况下,研究影响工业信息物理系统安全运行的内在因素,探寻网络攻击检测策略,并采用新型安全措施提高工业信息物理系统的防护能力是工业互联网络完善和发展的必然趋势和迫切要求。对于控制命令和检测信息已完全透明化传输的网络化控制系统,其运行安全及弹性稳定控制问题已成为科技工作者和工程技术人员必须考虑和解决的问题之一。为了保障网络化控制系统的安全运行,除了为传统工业控制系统提供必备的安全防护功能之外,工程技术人员也必须不断提高工业控制系统的网络及信息安全的认知能力,以加强系统的防护功能。

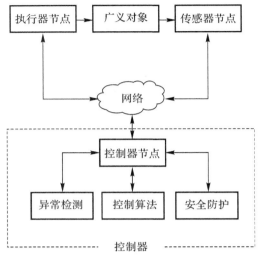

图 5-10　信息系统的防护方法

# 5.4　本　章　小　结

在考虑以多种网络构建的工业控制系统安全运行的前提下,本章详细阐述了发生在网络化控制系统不同层次的网络攻击形式,并给出了一般性网络攻击行为的检测和预防策略。在互联网络、企业信息网络和控制网络相互融合的情况下,分别对发生在企业内部信息网络和网络化闭环控制的底层网络的不同攻击目的及具体攻击方法做了深入分析,详细论述了发生在不同层次网络攻击行为对底层闭环网络化控制系统性能的影响,并给出了常用防护措施。

通过本章的学习,可为进一步分析多网融合下闭环控制系统的安全运行提供依据,为未来安全控制器的设计奠定理论基础。

# 第6章 基于关联规则的控制系统异常检测

从目前关于网络化控制系统异常检测的研究来看,能够反映控制系统运行异常检测的方法主要集中在针对某些特定的网络攻击形式(如数据注入、数据篡改、DOS 等)展开,尚缺乏具有共性的检测方法。本章基于网络化控制系统的外部运行特征,通过对多个过程检测变量的不同变化行为进行数据挖掘和分析,给出一种具有普遍意义的异常检测方法。本章的阐述是假定在某一网络化控制系统中,传感器、控制器或执行器均受到不同类型的网络攻击情况下进行的。首先通过采集控制系统中模拟型和开关型变量的不同变化行为,在系统正常运行条件下,基于 Apriori 数据挖掘算法得到了反映过程变量正常变化行为的标准关联规则,然后在系统运行条件下,通过实时数据挖掘得到的实时关联规则与标准关联规则进行比对,得到系统运行的可靠性参数。图 6-1 给出了基于关联规则和规则比对数据挖掘和系统可靠性参数的获取方法。

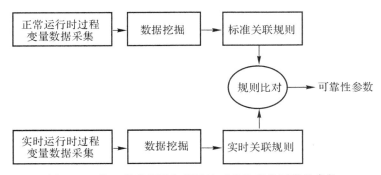

图 6-1 基于关联规则和规则比对获取系统可靠性参数

## 6.1 控制系统中的关联规则及 Apriori 算法

### 6.1.1 数据挖掘及控制系统中的关联规则

判断一个控制系统是否遭受到网络攻击,一种可用的方法是归纳系统正常运行时的内部规律,将其描述为固有规律或固有行为。控制系统运行时可通过实时采样一定的过程变量,获取当前系统的运行行为,并判断运行行为是否符合固有规律。若不符合可认为当前控制系统存在异常。与固有规律不符合的程度越大,则系统遭受非法攻击的可能性越高。获取控制系统固有规律的过程称为内部规律的挖掘,即通过数据挖掘获取控制系统正常运行情况下的多个运行特征。在系统运行过程中获取当前运行特征的数据挖掘过程称为实时特性的挖掘。

　　基于关联规则(Association Rules)的数据挖掘方法是常用的一种寻找事务内部变化规律的手段。关联规则问题最初由韩国学者 Agarwal 等人[90-91]提出,而获取关联规则是数据挖掘领域一个最基本和最重要的问题。布尔型关联规则的定义是建立在由一组事物记录组成的交易数据库之上,每个记录包含了项目是否出现的信息[96]。基于关联规则的数据挖掘是用来发现隐含在数据中的具有一定关系的内在因素,其关联结果来自对数据的统计。通常挖掘关联规则并不事先考虑数据中各个不同变量之间的相互关系,而是利用挖掘结果来对变量进行分析。

　　在不同的行业和领域,可利用关联规则对具体问题的内部变化进行规律性分析和总结[92-94]。目前已有相关文献[95]指出,采用关联规则的数据挖掘技术可应用于工业控制系统的异常行为检测领域。文献[96]以提高异常检测速度和判别精度为目标,提出一种高效的数据挖掘方法,采用模糊关联规则设计并实现了一种针对网络异常的入侵检测系统。文献[97]采用了一种基于模糊关联规则的分类算法和构建分类器的方法,提出了一种针对网络安全的异常检测策略。

## 6.1.2　Apriori 算法

　　最经典的基于关联规则的数据挖掘方法是基于频繁项集的 Apriori 算法,国内外有关研究人员从不同角度对该关联规则的数据挖掘问题进行了深入研究。相关工作包括对基于 Apriori 算法的优化、并行关联规则挖掘、数量关联规则挖掘以及关联规则挖掘理论的探索等[98-99]。Apriori 算法是以一种经过确认的数据挖掘算法,该算法反映了一个事物与其他事物之间的相互依存性和关联性。基于 Apriori 的数据挖掘算法包括找出频繁项集和基于频繁项集产生强关联规则两个步骤。该算法首先通过迭代检索出事务数据库中的所有频繁项集,即支持度不低于用户设定阈值的项集。然后利用频繁项集构造出满足最小置信度的关联规则。Apriori 算法的核心是识别出所有的频繁项集。Apriori 算法最重要的两个特性就是频繁项集的子集必为频繁项集和非频繁项集的超集一定不是频繁项集[100-101]。下面给出 Apriori 算法中常用到的相关术语。

**1. 交易数据库(transactional database)**

　　交易数据库指的是某个需要分析问题的所有原始数据的集合,即所有的可能元素构成的集合。交易数据库中的数据是分析一个事务问题的基础数据,Apriori 算法基于该数据进行数据挖掘从而可以掌握该事务问题的变化规律。以某顾客的商场购物问题为例,为了了

解顾客的采购规律,如果分析该客户所采购商品之间的关系问题,客户可能采购的所有商品
所构成的集合即交易数据库。

**2. 项集(itemset)**

在基于关联规则的数据挖掘过程中,交易数据库的任意一个子集称为一个项集,某一项
集中的某一元素成为该项集的一个"项"(item)。若某个项集中包含 $k$ 个元素,则该项集称
为 $k$-项集($k$-itemset)。特殊情况下,包含 0 个项的集合被称为 0 项集。例如某个客户采
购了 4 种商品为〈啤酒,尿布,牛奶,花生〉,则在分析问题过程中,该集合为一个 4-项集。空
集是指不包含任何项的项集。

**3. 支持度(support)**

支持度是一个指定的某一项集在针对某种规则的一次数据分析过程中该项集出现的次
数,即在确定规则下用于统计给定数据集出现的频繁程度。支持度揭示了一个项集中所有
元素同时出现的频率,如果这些元素一起出现的频率非常小,就说明这个项集各元素之间
的联系不大。支持度是判断事务中出现的偶然行为是否是这一事务的一个特征的一个重要
度量参数,支持度很低的行为可认为是偶然出现的行为,一般是无意义的。

**4. 置信度(confidence)**

置信度是衡量在满足一定条件下某个规则出现的准确率,即在符合一定条件的所有规
则里,跟当前规则结论一致的比例有多大。计算方法为首先统计当前规则出现的次数,再用
它来除以满足某个条件相同的规则数量。也就是说,置信度是指在某个规则出现的条件下,
另一规则同时出现的概率有多大,表示为

$$\text{confidence}(X ==> Y) = P(X/Y) \qquad (6-1)$$

式中:$Y$ 是事务 $T$ 中满足某条件的某一规则;$X$ 为另一规则。在上述购买商品的例子中,现
在讨论一个顾客购买了圆珠笔,也购买笔记本的可能性。如果用 $Y$ 代表购买圆珠笔行为,
用 $X$ 代表购买笔记本行为,若购买圆珠笔顾客中有 65% 的人购买了笔记本,则从购买圆珠
笔到购买笔记本的置信度为 65%。

**5. 频繁项集(frequent itemset)**

频繁项集是指支持度大于等于最小支持度(min_sup)的项集,频繁项集是事务的特征
之一。

**6. 非频繁项集(infrequent itemset)**

交易数据库中不属于频繁项集的集合,频繁项集不能够代表事务的特征。

Apriori 算法实际上是从包含只有一个事务项的频繁项集开始,使用迭代的方法不断递
归产生新的频繁项集,直到找到所有的频繁项集。算法流程如图 6-2 所示。基于 Apriori
算法的数据挖掘过程实际上是获取一个事务动态变化过程中的内部规律,即获取某一频繁
项集就是获知事务变化中的某一特征。获取了多个频繁项集,实际上就是获取了一个事务
变化过程中的多个特征。交易数据库中的元素表示的是某一事务可能出现的不同行为,但

这些行为并不能代表该事务的特征之一。如果这些行为经常出现或出现频率超过一定范围，可认为该行为是该事务的一个特征。比如咳嗽是人的行为之一，但咳嗽次数多到一定程度可以认为是生病特征之一。由文献[102,103]可知，任意一个频繁项集的子集都是频繁的，而任意一个非频繁项集的超集都是非频繁的。实际上，对交易数据库中频繁项集的数据挖掘可通过连接（join step）和剪枝（prune step）两个步骤来完成。连接是基于已找到的频繁 $k$ 项集产生可能存在的频繁 $k+1$ 项集。具体方法是将频繁 $k$ 项集的所有元素相互组合形成一个候选 $k+1$ 项集（candidate itemset，用 $C_{k+1}$ 表示）。剪枝就是从产生的候选项集中挑选出现频率大于最小支持度的项集，这个项集作为新的频繁项集为后续数据挖掘提供基础。以交易数据库 $D=\{I_1,I_2,I_3,I_4,I_5\}$，最小支持度设定为 4 为例，一个连接和剪枝过程如图 6-3 所示。通过不断迭代的数据挖掘过程可以获得一定数量的频繁项集，这些频繁项集可以看作一个事务的特征之一。挖掘出来的多个特征反映了某个事务正常运行时的工作特性，这些特性可认为是该事务的所有关联规则。

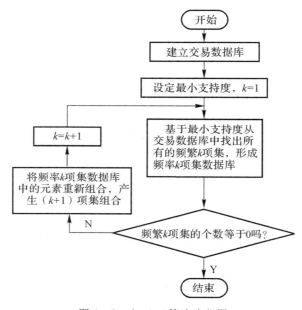

图 6-2　Apriori 算法流程图

　　由于数据挖掘过程中的连接步需要在上一次得到的频繁项集基础上重新组合得到新的候选项集，所以这个组合过程可能产生数量很大的候选项集。这种数据的增长意味着数据挖掘过程需要较长的时间，在有实时性要求的具体应用中应充分考虑这个问题。该问题的解决可采用高运算速度的处理机以缩短挖掘时间，也可将一个问题划分为多个子问题去处理。每个子问题在建立交易数据库时可采用减少交易数据库中的采样次数，这样可降低处理机的运算负担。最后通过综合分析各个子问题，在得出关联规则的基础上可总结出整个事务的运行规律。

图 6 - 3　Apriori 算法中的连接步与剪枝步

# 6.2　控制系统运行特性的获取

## 6.2.1　过程变量状态变化行为的描述

　　一个运行中的控制系统一般会控制多个过程变量,这些过程变量可分为模拟型变量、数字型变量和开关型变量。模拟型变量是用连续变化的模拟信号表示信息的变量,如传感器实际输出值、被控对象的实际输入值等。数字型变量是用二进制数据描述信息的变量,如数字传感器的输出数据、位置码盘的编码输出及数字型执行器的输入值等。开关型变量是用一位二进制(0/1)码描述有关设备的状态信息,如电磁阀的导通或截止状态、电机的运行或停止状态等。本章将模拟型和数字型两种过程变量定义为数值型变量,将开关型变量定义为布尔型变量。在控制系统正常运行情况下,数值型变量的变化值一般会保持在一定范围内,且不同变量之间的变化关系往往保持一定的关联规律。以一个温度控制系统为例,当燃油供给量增加时被控温度也必然增加。为了保护物理装置,当温度检测值达到某一上限时,系统会控制一个电磁阀以切断燃油的供给,同时输出一个开关量闭合的报警信号。在一定时间内,燃油流量、被控温度、电磁阀状态及报警开关状态的变化行为会保持一定的关联性。这种关联的规律性称为控制系统的关联规则。如果检测到这 4 个参数的变化行为不符合关联规则,可认为系统在运行过程中出现了异常。如果发现燃油流量处于增加状态且温度处于降低状态,或温度值没有超过上限却出现了报警开关闭合的情况,可认为系统处于异常工作状态。此时应考虑控制系统存在恶意攻击行为或故障发生的可能性。本书将每个过程变量在一定时间内的变化过程用不同的变化行为来表示。将连续变化的数值型变量其变化过程描述为 3 个不同的变化行为,分别为增加(increase)、不变化(invariance)和减少

(decrease)。布尔型变量的变化过程描述为 4 个变化行为,分别为由导通变化为截止、由截止变化为导通、导通不变化和截止不变化。这 4 种布尔型变化行为分别用(＋—)、(—＋)、(＋＋)和(——)来表示。假设一个控制系统通过检测 $N$ 个过程变量的变化行为来判断整个系统运行是否正常,则该 $N$ 个变量在一定时间内的变化行为可描述为一个 $N$ 维的状态变化向量 $\boldsymbol{V}_N=\{v_1,v_2,\cdots,v_N\}$。状态变化向量 $\boldsymbol{V}_N$ 的各个元素 $v_i$ 的取值见表 6-1。

表 6-1 过程变量的变化行为

| | 数值型过程变量 | | | 布尔型过程变量 | | | |
|---|---|---|---|---|---|---|---|
| 变化行为 | increase | invariance | decrease | ＋＋ | ＋— | —＋ | —— |
| 描述值 | 0 | 1 | 2 | 0 | 1 | 2 | 3 |

在数据挖掘过程中,必须把 $N$ 个过程变量的变化行为用不同的数值区分开以便建立交易数据库。假设需要分析 $m$ 个具有 3 种变化行为的数值型变量和 $n$ 个具有 4 种变化行为的布尔型变量($N=m+n$),则 $N$ 个变量最多需要 $3m+4n$ 个数值来描述状态变化向量 $\boldsymbol{V}_N$ 的变化行为。为了简单起见,用 $I_k$ 表示某个过程变量可能的变化行为取值。$I_k$ 的取值定义为

$$I_k=S(i,j)=i+4j+1 \tag{6-2}$$

式中:$i$ 的取值范围为 0～2;$j$ 的取值范围为 0～$N$,$k=i+4j+1$。这些变化取值定义为数据挖掘的项目,取值范围为 $I_1$～$I_{4N}$。很明显,$I_k$ 的取值范围比实际包含 $n$ 个布尔型变量变化状态的取值多出 $n$ 个。由于这 $n$ 个取值在用 Apriori 算法进行数据挖掘时得到的次数总为 0,在求取频繁项集时会被过滤掉,因此不会影响到后续频繁项集的挖掘。一个包含 $m$ 个数值型变量和 $N-m$ 个布尔型变量的控制系统的状态变化行为取值见表 6-2。

表 6-2 过程变量的变化行为指示值

| $K_1$ | | $K_2$ | | $K_3$ | | ... | $K_m$ | | ... | $K_N$ | |
|---|---|---|---|---|---|---|---|---|---|---|---|
| $I_1$ | $S(0,1)$ | $I_5$ | $S(0,2)$ | $I_9$ | $S(0,3)$ | ... | $I_{4(m-1)+1}$ | $S(0,m)$ | ... | $I_{4(N-1)+1}$ | $S(0,N)$ |
| $I_2$ | $S(1,1)$ | $I_6$ | $S(1,2)$ | $I_{10}$ | $S(1,3)$ | ... | $I_{4(m-1)+2}$ | $S(1,m)$ | ... | $I_{4(N-1)+2}$ | $S(1,N)$ |
| $I_3$ | $S(2,1)$ | $I_7$ | $S(2,2)$ | $I_{11}$ | $S(2,3)$ | ... | $I_{4(m-1)+3}$ | $S(2,m)$ | ... | $I_{4(N-1)+3}$ | $S(2,N)$ |
| 滤除 | | | | | | | | | | $I_{4(N-1)+4}$ | $S(3,N)$ |

## 6.2.2 交易数据库的建立及频繁项集的获取

为了寻找出控制系统在正常运行情况下各个过程变量之间的关联规则,需建立交易集作为交易数据库。交易集是在控制系统正常运行情况下通过对多个过程变量的多次采样获得的。每隔一个时间间隔($T_k$),同时采样这些过程变量,通过计算该时间段内各个过程变量的不同变化行为取值,可得到一个状态变化向量 $\boldsymbol{V}_N$。在一定时间范围内对多个过程变量的多次采样可得到一定数量的状态变化向量。这些状态变化向量构成的集合成为了交易

集,即交易数据库。交易集中状态变化向量的个数称为交易集的长度,用 $D$ 表示。数据挖掘过程中获取 $D$ 个状态变化向量的时间称为交易集建立时间,用 $T_{\text{set}}$ 表示。很明显

$$T_{\text{set}} = DT_k \qquad\qquad (6-3)$$

建立交易集是数据挖掘过程的一部分,交易集长度 $D$ 的大小会影响到 Apriori 算法的计算时间。$D$ 选择太大会影响挖掘的实时性,选择太小又会影响挖掘精度。实际应用中应充分考虑挖掘时间与系统实时性要求之间的制约关系。$T_k$ 的选择需考虑被控参数和对象的实际情况,在 $T_k$ 时间段内不同变量的变化值在传感器输出上应能够反映出变量之间的相互变化关系。Apriori 数据挖掘算法的目的是在建立交易数据库的基础上得到所有频繁项集,这些频繁项集中的频繁项可认为是控制系统运行过程中表现出的不同特征。对于交易数据库中所有的状态变化向量来说,其中任意一个过程变量可能出现的状态变化行为可认定为候选 1 项集。候选 1 项集中某个变量的状态变化行为出现的次数大于最小支持度的成为频繁 1 项集。例如某一控制系统记录了温度量作为状态变化向量中的一个变化行为,在 10 次记录过程中有 6 次出现了温度上升行为(支持度设为 5),则该行为可认为是频繁出现的行为。在获得所有频繁 1 项集的基础上,利用频繁 1 项集相互组合的方法得到候选 2 项集。从交易数据库中选出的候选 2 项集中,若两个变量的状态变化行为出现的次数都大于最小支持度的成为频繁 2 项集,然后依次使用逐层搜索的迭代方法。Apriori 算法利用上次得到的频繁 $k$ 项集,组合得到候选 $k+1$ 项集,然后从候选 $k+1$ 项集中挑选出大于最小支持数的频繁 $k+1$ 项集。由频繁 $k$ 项集通过组合得到候选 $k+1$ 项集的过程称为连接过程,从候选 $k+1$ 项集中挑选出大于最小支持数的频繁 $k+1$ 项集的挖掘过程称为剪枝过程。最终 Apriori 算法通过扫描交易数据库中的所有记录,找出所有的频繁项集,这些频繁项集表示为 $F_1, F_2, \cdots, F_m$。整个数据挖掘过程按照以下几个步骤完成。

(1)系统稳定运行状态下采样 $L$ 个状态变化向量的作为交易数据库数据,$k=1$;

(2)确定所有状态变化向量的变化行为 $I_k$ 的具体取值,设定最小支持度 $\sup_{\min}$;

(3)将所有 $I_k(k=1-5N)$ 作为候选 1 项集;

(4)从数据库中的向量中找出大于最小支持度的频繁 1 项集 $F_1$;

(5)通过链接和剪枝,从数据库向量中迭代找出大于最小支持度所有频繁项集〔$F_1, F_2, \cdots, F_m$〕;

通过 Apriori 算法挖掘得到的频繁项集及关联规则,$F_1$ 为最弱关联规则,$F_m$ 为最强关联规则,其余的频繁项集的关联性强弱介于 $F_1$ 和 $F_m$ 之间。对于一个控制系统来说,$F_1$ 的出现意味着挖掘到系统的一个特性,而 $F_m$ 的出现意味着满足多个特性的系统行为同时大量出现了。

# 6.3　基于关联规则的控制系统异常检测及系统可靠性分析

通过对系统过程变量的数据挖掘得到的频繁项集及每个频繁项集中相应的频繁项,反映了一个控制系统在运行过程中各个过程变量动态变化行为固有的因果关系。这些因果关系及变量之间的关联性可认为是控制系统在一定时间内表现出的规律性特性行为。在控制

系统正常运行条件下得到的频繁项集定义为标准频繁项集,所使用的交易数据库称为标准数据库。标准数据库的建立可通过在一定时间范围内对各个过程变量同步采样得到,产生状态变化向量的个数为标准数据库的长度。实时数据库是网络化控制系统为获取当前运行特征在一定时间内记录的一定数量状态变化向量的集合。Apriori 算法通过对实时数据库挖掘得到的频繁项集称为实时频繁项集。本章将标准数据库作为参考数据库,对标准数据库进行数据挖掘得到的标准频繁项集作为参考频繁项集,该项集用于与实时频繁项集做比对。判断一个控制系统当前运行状态是否正常可通过实时挖掘到的实时频繁项集与正常状态下的标准频繁项集作比对,如果二者相似程度越大说明控制系统的运行特性越接近正常状态。如果通过比对发现实时频繁项集与标准频繁项集有较大的差别,可认为当前控制系统的运行状态存在异常。二者差别越大,系统异常运行的可能性越大。这里定义一种可靠性参数 $\sigma$,该参数用于评价当前系统存在异常可能性的大小。$\sigma$ 定义为

$$\sigma = \frac{s_1 + s_2 + \cdots + s_m}{m} \tag{6-4}$$

式中:$s_i(i=1,2,\cdots,m)$ 定义为相似因子,$s_i$ 表述为

$$s_i = \frac{k_i}{L_i} \tag{6-5}$$

式中:$k_i$ 定义为实时数据挖掘过程中得到的频繁 $i$ 项集中与标准频繁 $i$ 项集频繁项相同的个数。由 $s_i$ 的定义可知,$s_i$ 的取值范围为

$$0 \leqslant s_i \leqslant 1 \tag{6-6}$$

从而,可靠性参数 $\sigma$ 取值范围为

$$0 \leqslant \sigma \leqslant 1 \tag{6-7}$$

实际上,$\sigma$ 反映了控制系统当前的运行特性与标准运行特性在某段时间内的接近程度。该可靠性指标越接近于 1,说明系统当前的运行状态越良好。$\sigma$ 越接近于 0,系统的运行状态越差。应用中可根据实际情况设定一个阈值,当 $\sigma$ 小于某一阈值时可认为控制系统出现了异常情况。判断一个控制系统是否异常的数据挖掘过程及可靠性参数的获取方式分为以下几步:

(1)在一定时间范围内采样一定数量的过程变量,获得一定数量的状态变化向量,得到实时交易数据库 $D_r$;

(2)基于 Apriori 算法针对实时数据库 $D_r$ 进行数据挖掘,得到 $n$ 个实时频繁项集(表示为 $AF_1, AF_2, \cdots, AF_n$)及其对应的长度($AL_1, AL_2, \cdots, AL_n$);

(3)从已经通过 Apriori 算法挖掘得到的标准频繁项集($F_1, F_2, \cdots, F_m$)中得到所有不同频繁项集的长度($L_1, L_2, \cdots, L_m$);

(4)从实时频繁项集 $AF_1$ 中找出 $AL_1$ 个频繁项,统计出能够在 $L_1$ 个标准频繁 1 项集中找到 $AL_1$ 个不同频繁项的个数 $k_1$,计算相似因子 $s_1$

$$s_1 = \frac{k_1}{L_1} \tag{6-8}$$

(5)依次从实时频繁项集 $AF_1, AF_2, \cdots, AF_n$ 中找出 $AL_1, AL_2, \cdots, AL_n$ 个频繁项,统计出能够在 $L_2, L_3, \cdots, L_m$ 个标准频繁 $i$ 项集中找到 $AL_i$ 个不同频繁项的个数 $k_i$,计算相似因子如下:

$$s_i = \frac{k_i}{L_i}, i = 2, 3, \cdots, m) \qquad (6-9)$$

（6）计算可靠性参数

$$\sigma = \frac{s_1 + s_2 + \cdots + s_m}{m} \qquad (6-10)$$

相似因子 $s_k$ 和可靠性参数 $\sigma$ 的计算方法分别如图 6-4 和图 6-5 所示。

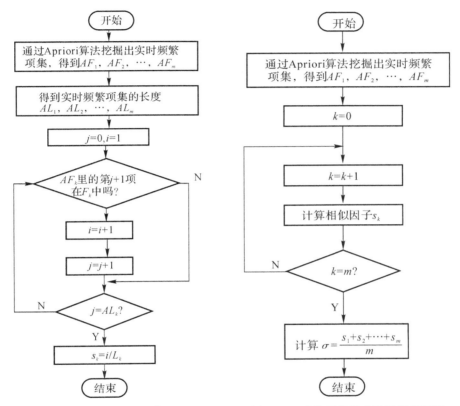

图 6-4　相似因子的计算方法　　　　图 6-5　系统可靠性参数计算流程图

# 6.4　控制系统仿真及结果分析

## 6.4.1　控制系统模型及仿真

以一个工业液位控制系统来验证上述内容，图 6-6 给出了该液位控制系统的工作流程。该工作流程中，两种工业液体 A 和 B 进入混合灌后通过电机驱动进行搅拌，混合后的液体 C 从混合灌底部流出进入下一工艺流程。一个闭环控制系统控制流入液体 A 和 B 的

流量为 $Q_1$ 和 $Q_2$，以达到混合灌液位稳定的目的。$Q_1$ 与 $Q_2$ 保持一定的比例关系，即

$$Q_1 = kQ_2 \tag{6-11}$$

式中：$k$ 为比例系数。

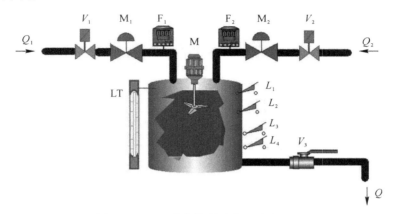

图 6-6　工业液位控制系统工艺流程图

两个调节阀 $M_1$ 和 $M_2$ 作为执行器控制流量 $Q_1$ 和 $Q_2$ 的大小。$M_1$ 和 $M_2$ 同时被控制器操作，以保证流量 $Q_1$ 和 $Q_2$ 之间的比例关系不变化。$K_1$ 和 $K_2$ 分别表示为 $M_1$ 和 $M_2$ 的开度，这两个参数通过执行器上的通信端口可直接输出到检测仪表。$Q_1$ 和 $Q_2$ 的大小通过两个流量传感器 $F_1$ 和 $F_2$ 检测到，并通过通信口将数据传输到远端。LT 为液位变送器，该变送器可将液位值通过网络传输到远程终端。M 为搅拌电动机，控制器通过操控开关状态的"导通"和"截止"，以启动或停止该电机的运行。图 6-7 和图 6-8 为控制系统方框图和仿真控制模型。

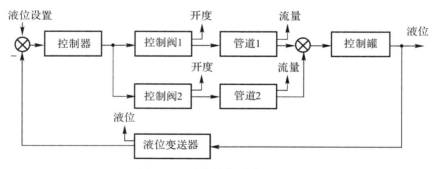

图 6-7　液位控制系统方框图

该控制系统将两个控制阀、管道和控制罐用一阶对象模型来描述。每个模型具有不同的惯性时间和放大倍数。管道中流量的变化等效为服从正态分布的随机状态干扰信号，液位的动态变化等效为服从正态分布的随机输出干扰信号。控制方式为 PID 控制。在选定适当的比例、积分和微分系数条件下，控制输出如图 6-9 所示。

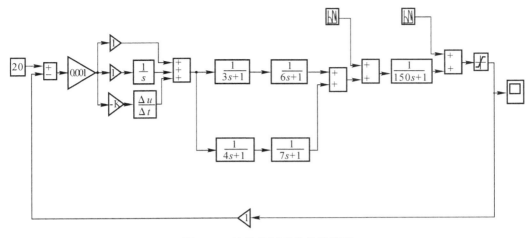

图 6-8　液位控制系统仿真模型

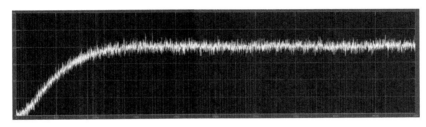

图 6-9　液位控制系统的输出仿真图

　　为了将液位的变化限定在一定范围之内,系统中的 4 个液位开关用于液位上、下限的保护。当液位上升到最大允许液位时,液位开关 $L_1$ 闭合并产生一个报警输出,同时驱动两个电磁阀 $V_1$ 和 $V_2$ 关闭,液位开始下降。当液位下降到 $L_2$ 位置时,$L_2$ 的闭合将驱动 $V_1$ 和 $V_2$ 恢复到导通状态,流体 A 和 B 将维持流入。$L_2$ 断开时液位报警状态消除。同理,为了保护混合灌的安全,当液位低于 $L_4$ 时,罐内的搅拌电机 M 将停止工作。如果液位上升到 $L_3$ 时,搅拌电机将恢复到运行状态,系统的低位报警状态将被消除。该系统中,数值型过程变量包括 $Q_1$、$Q_2$、$K_1$、$K_2$ 和被控液位 L。布尔类型变量包括电磁阀 $V_1$、$V_2$ 的通断状态值、4 个液位报警开关状态值及搅拌电机 M 的状态值。由于 $V_1$、$V_2$ 同时操作,四个液位开关与 M 保持一定的逻辑关系,因此选择 $V_1$ 和电机 M 的状态作为数据挖掘过程中的过程变量。通过同步采样这 5 个数值型过程变量,在得到 $V_1$、$V_2$ 及 M 在某一时刻状态的情况下,会形成一个 7 维状态向量。一个短暂时间间隔之后,便会产生一个 7 维的状态变化向量。该控制系统在稳定条件下液位 L 被控制器保持在 20 m,开度 $K_1$ 和 $K_2$ 分别保持在 28% 和 35%。两个输入管道中的压力变化作为干扰信号,这两个信号均服从均值为 0,方差分别为 2 和 1 的高斯分布。这两个干扰信号会引起流量 $Q_1$ 和 $Q_2$ 偏差值的变化。在阶跃输入的作用下,系统在 1 500 s 后达到稳定状态。系统正常运行状态下,建立标准数据库的时间为 2 000~2 500 s。在此期间,每 5 s 记录 7 个过程变量的值,并在 5 s 后计算状态变化向量。

## 6.4.2 异常检测系统在不同攻击下的仿真结果

为了得到数值型变量状态的变化值(即"增加""不变"和"减少"),可采用区域划分法。区域划分法需要两个临界值($\lambda_1$,$\lambda_2$)用于区分某一变量的 3 种状态变化行为。可将数轴划分为 3 个区域,每个区域表示每个过程变量的状态变化行为。如果某一过程变量的变化率位于某个区域内,则该变量的变化行为被定义为由区域表示的状态变化值。在建立标准数据库的过程中,通过对每个数值型变量采样,计算在一定时间内的变化值,可产生两个临界值。假设某一变量的最大和最小变化率分别被标记为 $P_{\max}$ 和 $P_{\min}$,即

$$\lambda_1 = P_{\min}, \quad \lambda_2 = P_{\max} \tag{6-12}$$

两个临界值的获取方法,即 5 个数值型变量的临界数据如图 6-10 所示并见表 6-3。

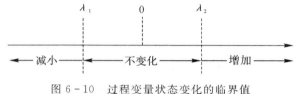

图 6-10  过程变量状态变化的临界值

### 表 6-3  过程变量的临界变化值

| 过程变量 | $\lambda_1$ | $\lambda_2$ |
| --- | --- | --- |
| $K_1$ | $-0.002\,2$ | $0.002\,5$ |
| $Q_1$ | $-0.001\,9$ | $0.002\,1$ |
| $K_2$ | $-0.002\,8$ | $0.003\,1$ |
| $Q_2$ | $-0.002\,3$ | $0.002\,4$ |
| $L$ | $-0.074\,2$ | $0.057\,6$ |

异常检测系统的工作过程包括建立标准数据库和获取可靠性参数 $\sigma$ 两个步骤。构造标准数据库过程会生成作为参考频繁项集的标准频繁项集,它由初始化过程和数据挖掘过程组成。初始化过程完成数据采样、变量差值计算、变化行为指示值获取、标准数据库建立、频繁项集获取等。当控制系统工作正常时,只需执行一次初始化和数据挖掘过程,即可得到所有参考频繁项集。可靠性参数的计算过程由实时数据挖掘过程和实时比对过程组成。实时数据挖掘过程生成所有实时频繁项集。实时比对过程通过将实时频繁项集和正常频繁项集进行对比以得到一个反映控制系统可靠性指标的可靠性参数。因此,可靠性参数可认为是一个实时参数。该实验设定最小支持数为 374,状态变化时间 $T_k$ 为 5 s,在 0~5 000 s 时间内可采样并产生 666 个状态变化向量,并以该状态变化向量完成数据挖掘过程。产生的标准频繁项集的数量和对应的频繁项见表 6-4 和表 6-5。

### 表 6-4  标准频繁项集的数量

| $F_1$ | $F_2$ | $F_3$ | $F_1$ | $F_5$ | $F_6$ | $F_7$ |
| --- | --- | --- | --- | --- | --- | --- |
| 7 | 21 | 35 | 35 | 21 | 7 | 1 |

表 6 - 5　标准频繁项集

| $F_1$ | $F_2$ | $F_3$ | $F_4 \sim F_5$ | $F_6$ | $F_7$ |
|---|---|---|---|---|---|
| $\{I_3\}$ | $\{I_3,I_7\}$ | $\{I_3,I_7,I_{11}\}$ | $\cdots$ | $\{I_3,I_7,I_{11},I_{15},I_{19},I_{21}\}$ | |
| $\{I_7\}$ | $\{I_3,I_{11}\}$ | $\{I_3,I_7,I_{15}\}$ | | $\{I_3,I_7,I_{11},I_{15},I_{19},I_{25}\}$ | |
| $\{I_{11}\}$ | $\{I_3,I_{15}\}$ | $\{I_3,I_7,I_{19}\}$ | | | |
| $\{I_{15}\}$ | $\{I_3,I_{19}\}$ | $\{I_3,I_7,I_{24}\}$ | | | |
| $\{I_{19}\}$ | | | $\cdots$ | | $\{I_3,I_7,$ |
| $\{I_{24}\}$ | | | | | $I_{11},I_{15},I_{19},$ |
| $\{I_{25}\}$ | $\vdots$ | $\vdots$ | | $\vdots$ | $I_{24},I_{25}\}$ |
| | | | $\cdots$ | | |
| | $\{I_{19},I_{25}\}$ | $\{I_{15},I_{24},I_{25}\}$ | | | |
| | $\{I_{21},I_{25}\}$ | $\{I_{19},I_{21},I_{25}\}$ | | $\{I_7,I_{11},I_{15},I_{19},I_{21},I_{25}\}$ | |

　　在控制系统运行过程中,假定执行器、流量传感器和液位变送器均能够通过两个端口输出数据。其中一个端口输出反映真实情况的实际值,另一个端口输出给仪表的控制值。通过一个可靠网络可以将仪表的实际值传送到异常检测器。仪表的控制值通过非安全网络传输到远程仪表,实现闭环控制。在本例中,执行器开度、管道流量和液位的检测值是通过工业以太网传输的。如果没有异常行为,执行器、流量传感器和液位变送器的实际值等于它们的控制值。在数据挖掘和频繁项集的比对过程中,假定所有的状态变化向量都是由可靠网络获得的。控制系统的异常行为可能来自于流量传感器、液位变送器、控制器、调节阀、电磁阀、液位保护开关等。图 6 - 11 是系统正常运行时通过数据挖掘和比对得到的可靠性参数图,状态变化时间为 5 s,每 500 s 计算一次可靠性参数,即异常检测器在 500 s 内完成了数据记录、实时数据挖掘和比对过程。可靠性参数的计算值列于表 6 - 6。

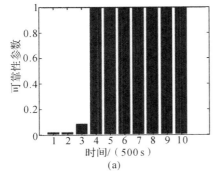
(a)

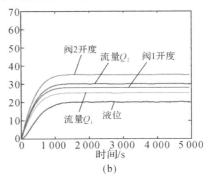
(b)

图 6 - 11　正常情况下系统的可靠性参数和过程变量的输出

(a)可靠性参数的输出;(b)过程变量的输出

**表 6 - 6　系统的可靠性参数**

| 时间（秒） | 0—500 | 500—1000 | 1000—1500 | 1500—2000 | 2000—2500 |
|---|---|---|---|---|---|
| $\sigma$ | 0.020 408 | 0.020 408 | 0.085 714 | 1 | 1 |
| 时间（秒） | 2500—3000 | 3000—3500 | 3500—4000 | 4000—4500 | 4500—5000 |
| $\sigma$ | 1 | 1 | 1 | 1 | 1 |

从图 6-11 可以看出，系统的可靠性参数 $\sigma$ 在过渡过程结束后逐渐接近于 1，过渡过程的持续时间为 1 500 s。在过渡过程时间范围内，$\sigma$ 的值远小于 1 是因为标准数据库是在系统稳定的情况下建立的，在该时间范围内实时频繁项集与标准频繁项集存在较大程度的不同。

图 6-12 和图 6-13 分别给出了液位传感器的输出值在遭受恶意数据注入攻击时的可靠性参数和输出曲线。攻击持续时间为 2 000~2 500 s，传感器的注入数据分别等于 5（正常值为 20）和 30。相应的可靠性参数列在表 6-7 和表 6-8 中。从图 6-12 和图 6-13 中可以看出，在传感器存在不同恶意数据的攻击下，系统的稳定性遭受到了破坏，在数据注入时间段内系统的可靠性参数明显降低。在恶意数据停止注入后，可靠性参数 $\sigma$ 又逐渐恢复为 1。

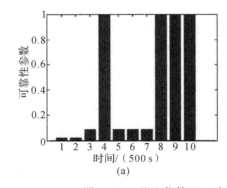
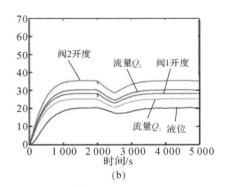

图 6-12　注入值等于 5 时系统可靠性参数和过程变量的输出

(a)可靠性参数的输出；(b)过程变量的输出

**表 6 - 7　注入值等于 5 时系统的可靠性参数**

| 时间/s | 0~500 | 500~1 000 | 1 000~1 500 | 1500~2000 | 2 000~2 500 |
|---|---|---|---|---|---|
| $\sigma$ | 0.020 408 | 0.020 408 | 0.085 714 | 1 | 0.085714 |
| 时间/s | 2 500~3 000 | 3 000~3 500 | 3 500~4 000 | 4 000~4 500 | 4 500~5 000 |
| $\sigma$ | 0.085 714 | 0.085 714 | 1 | 1 | 1 |

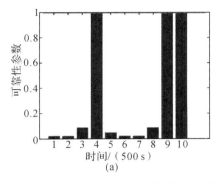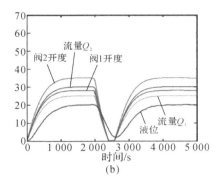

图 6 - 13　注入值等于 30 时系统可靠性参数和过程变量的输出

(a)可靠性参数的输出;(b)过程变量的输出

**表 6 - 8　注入值等于 30 时系统的可靠性参数**

| 时间/s | 0～500 | 500～1000 | 1000～1500 | 1500～2000 | 2000～2500 |
|---|---|---|---|---|---|
| σ | 0.020 408 | 0.020 408 | 0.085 714 | 1 | 0.047 619 |
| 时间/s | 2 500～3 000 | 3 000～3 500 | 3 500～4 000 | 4 000～4 500 | 4 500～5 000 |
| σ | 0.020 408 | 0.020 408 | 0.085 714 | 1 | 1 |

图 6 - 14 和图 6 - 15 为传感器输出存在两种不同 DoS 攻击下各个过程变量的可靠性参数输出和输出曲线图。其中 DoS 攻击的攻击周期分别为 40 s 和 100 s,攻击时间的占空比为 0.5。DoS 攻击下的系统可靠性参数见表 6 - 9 和表 6 - 10。

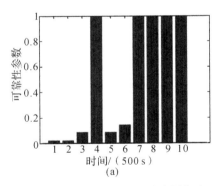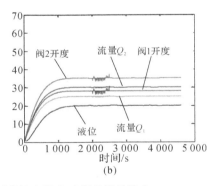

图 6 - 14　DoS 攻击周期为 40 s 的可靠性参数和过程变量的输出

(a)可靠性参数的输出;(b)过程变量的输出

**表 6 - 9　DoS 攻击周期为 40 s 的可靠性参数**

| 时间/s | 0～500 | 500～1 000 | 1 000～1 500 | 1 500～2 000 | 2 000～2 500 |
|---|---|---|---|---|---|
| σ | 0.020 408 | 0.020 408 | 0.085 714 | 1 | 0.085 714 |
| 时间/s | 2 500～3 000 | 3 000～3 500 | 3 500～4 000 | 4 000～4 500 | 4 500～5 000 |
| σ | 0.14 286 | 1 | 1 | 1 | 1 |

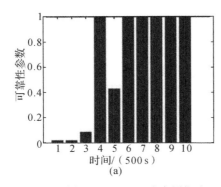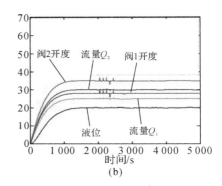

图 6-15　DoS 攻击周期为 100 s 的可靠性参数和过程变量的输出

(a)可靠性参数的输出；(b)过程变量的输出

**表 6-10　DoS 攻击周期为 100 s 的可靠性参数**

| 时间/s | 0～500 | 500～1 000 | 1 000～1 500 | 1 500-2 000 | 2 000～2 500 |
|---|---|---|---|---|---|
| $\sigma$ | 0.020 408 | 0.020 408 | 0.085 714 | 1 | 0.42 857 |
| 时间/s | 2 500～3 000 | 3 000～3 500 | 3 500～4 000 | 4 000～4 500 | 4 500-～5 000 |
| $\sigma$ | 1 | 1 | 1 | 1 | 1 |

图 6-16 为搅拌电机被非法操控下的系统输出及 $\sigma$ 值。搅拌电机在 2 000～2 500 s 被非法停止运行，表 6-11 是 $\sigma$ 值在不同时间段的输出。

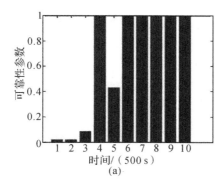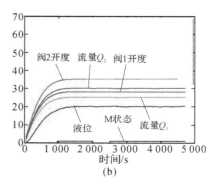

图 6-16　电机被非法操控下的可靠性参数和过程变量的输出

(a)可靠性参数的输出；(b)过程变量的输出

**表 6-11　电机被非法操作时的可靠性参数**

| 时间/s | 0～500 | 500～1 000 | 1 000～1 500 | 1 500～2 000 | 2 000～2 500 |
|---|---|---|---|---|---|
| $\sigma$ | 0.020 408 | 0.020 408 | 0.085 714 | 1 | 0.42 857 |
| 时间/s | 2 500～3 000 | 3 000～3 500 | 3 500～4 000 | 4 000～4 500 | 4 500～5 000 |
| $\sigma$ | 1 | 1 | 1 | 1 | 1 |

## 6.4.3　系统异常检测灵敏度的调整

在上述数据挖掘过程中,标准频繁项集的获取基于两个临界参数 $\lambda_1$ 和 $\lambda_2$。这两个参数用于区分一个数值型过程变量的不同变化行为。$\lambda_1$ 和 $\lambda_2$ 是在一定时间范围内通过获取某个变量的最大和最小值得到的,这主要是为了确保可靠性参数 $\sigma$ 的值在系统正常情况下等于1。考虑到实际情况,这样设置 $\lambda_1$ 和 $\lambda_2$ 的大小太过于保守。考虑到建立标准数据库和实时数据库时系统外部条件的不同,在构建实时候选项时可以适当修改 $\lambda_1$ 和 $\lambda_2$ 的值。数值型变量太大的"不变化"范围会降低异常检测系统的灵敏度,反之亦然。通过定义偏置因子 $k$,可以调整某个变量"不变化"的取值范围。定义如下临界值,即

$$\lambda_1 = k P_{\min}, \quad \lambda_2 = k P_{\max} \tag{6-13}$$

在实时数据挖掘过程中,将重新得到不同数值型变量变化行为的指示值。如果 $k < 1$,则某个变量的"不变化"范围将会减小,异常行为检测的灵敏度将会增加。反之,如果 $k > 1$,则某个变量的"不变化"范围将会增加,异常行为检测的灵敏度将会降低。在设定系数 $k$ 时,应充分考虑控制系统的实际工作状况。如果可能存在对系统的动态特性影响很小的微弱数据注入行为,或者注入信号可以视为扰动信号,则应设置 $k > 1$,适当降低异常检测系统的灵敏度。反之,如果检测要求非常严格,则应在一定范围内设置 $k < 1$。在此条件下,检测灵敏度提高,但异常行为的误报率也有所提高。表 6-12 给出了当选择不同的偏置系数时,液位传感器注入不同数值时系统的可靠性参数值。

**表 6-12　偏移因子不同时的可靠性参数**

| 时间/s | 数据注入值=5 | | | 数据注入值=30 | | |
|---|---|---|---|---|---|---|
| | $k=0.5$ | $k=1$ | $k=2$ | $k=0.5$ | $k=1$ | $k=2$ |
| 0～500 | 0.020 408 | 0.020 408 | 0.020 408 | 0.020 408 | 0.020 408 | 0.020 408 |
| 500～1000 | 0.020 408 | 0.020 408 | 0.047 619 | 0.020 408 | 0.020 408 | 0.020 408 |
| 1000～1500 | 0.085 714 | 0.085 714 | 0.085 714 | 0.085 714 | 0.085 714 | 0.085 714 |
| 1 500～2 000 | 0.58 095 | 1 | 1 | 0.58 095 | 1 | 1 |
| 2 000～2 500 | 0.085 714 | 0.085 714 | 0.085 714 | 0.047 019 | 0.047 019 | 0.047 019 |
| 2 500～3 000 | 0.085 714 | 0.085 714 | 0.085 714 | 0.020 408 | 0.020 408 | 0.020 408 |
| 3 000～3 500 | 0.085 714 | 0.085 714 | 0.085 714 | 0.020 408 | 0.020 408 | 0.020 408 |
| 3 500～4 000 | 0.085 714 | 1 | 1 | 0.085 714 | 0.085 714 | 0.085 714 |
| 4000～4500 | 1 | 1 | 1 | 1 | 1 | 1 |
| 4500～5 000 | 0.46 667 | 1 | 1 | 0.27 619 | 1 | 1 |

# 6.5 本 章 小 结

异常检测系统通过检测控制系统中诸如恶意数据篡改、设备故障、数据注入等异常行为,以提高网络化控制系统的安全性。不同于针对特定网络攻击行为的异常检测方法,本章从探寻控制系统的运行规律出发,提出的基于特征提取及特征比对的策略解决了多种不同类型网络攻击行为的异常检测问题,具有一定的普遍意义。该策略通过对多个过程变量进行数据挖掘,得到了过程变量之间正常的关联规则,并将该规则作为控制系统正常的工作特性和动态行为。结合建立实时数据库和实时数据挖掘技术,在获取控制系统实时关联规则的基础上,通过实时关联规则与标准关联规则的比对,给出了评价控制系统运行的可靠性指标。以液位控制系统为例,详细分析了控制系统可能存在的各种网络攻击行为,对控制系统在异常运行状态下对应的外部特征和可能的后果进行了分析。详细论述了数据挖掘方法在异常检测领域中应用的可能性和合理性,深入阐述了基于 Apriori 算法的数据挖掘具体过程和实现模式。通过基于实时频繁项集和正常频繁项集的挖掘,给出了一种能够反映控制系统健康水平参数(即相似因子)的获取方法,定量地描述了控制系统可靠性参数的意义。最后通过软件仿真和对相关数据的分析,阐明基于数据挖掘和关联规则的异常检测方法可以检测出控制系统的各种不同的异常行为,能够实时计算出可量化的可靠性参数。

从应用的角度考虑,未来关于异常检测的研究应集中于控制系统异常行为位置的确定、系统可靠性分析、误差问题和检测精确性的提高等方面。区分控制和检测仪表输出的细微变化和隐性攻击的影响可作为未来的研究内容。

# 第7章 数据注入攻击下基于LQ跟踪和状态反馈的网络化控制系统及安全控制

近年来针对网络化控制系统恶意攻击行为的相关研究在逐渐增多,主要集中在拒绝服务攻击(Denial of service,DoS)、虚假数据注入攻击(Fault Data Injection,FDI)及数据回放(Replay attack)攻击等几种。虚假数据注入攻击指的是攻击者在通过非法手段接收到信道中传输的合法数据信息基础上,将合法数据中的控制信息或检测信息进行一定程度的修改后再发送给接收设备,达到欺骗数据接收方的目的。FDI攻击实现策略如图7-1所示。FDI攻击可改变信号发送策略,造成网络延迟增加、信号传输路径改变等一系列后果。FDI攻击最终可导致网络化控制系统的输出特性异常和控制的不稳定,甚至可以损毁相关的物理设备[104-105]。

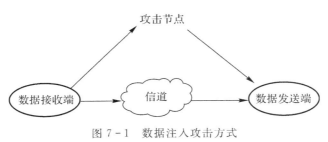

图7-1 数据注入攻击方式

对于工业应用中的闭环控制系统,攻击者可通过控制器与执行器之间的数据传输通道(简称为控制通道)或传感器与控制器之间的检测通道注入虚假数据,对控制系统进行干预和破坏(见图7-2)。当攻击者通过控制通道注入数据时,由于攻击数据直接修改了执行器的输入数据,可直接对被控对象进行非法操作。这种情况下,异常检测系统产生报警及采取的保护措施往往滞后于攻击行为的动作,安全防护系统很难起到及时保护控制设备的作用。这种情况发生时要求被控的物理设备具有一定的抗毁坏性。当攻击节点通过检测通道注入

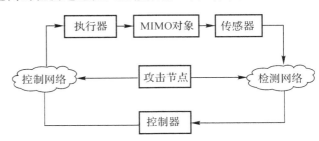

图7-2 攻击节点通过控制和检测通道对闭环系统注入数据

攻击数据时,由于攻击对象是传感器,对物理对象的作用会通过控制器产生,所以其攻击作

用可通过控制器的补偿算法进行抵消。在控制器中添加攻击(或异常)检测算法和攻击作用下的弹性控制策略可实现数据注入攻击下的安全控制。

# 7.1　网络化控制系统的模型及数据注入攻击模式

当攻击者通过检测网络对系统进行数据注入时,由于注入的数据需通过控制器对执行器产生作用,这给异常检测和防护系统留出了时间以保护被控设备。目前,关于 FDI 的研究主要集中在检测通道存在数据注入行为情况下控制系统的稳定性、异常行为检测、状态估计及弹性稳定等相关内容[106-107]。

文献[108]针对无线传感器网络,在假定存在数据注入攻击情况下研究了网络的安全问题并设计了分布式滤波器和数据防护器,能够判断出某一节点是否接收了错误数据,并对保持系统稳定的充分条件做了详细阐述。文献[109]在考虑攻击者相对于电网参数和电路位置分布情况缺乏详细了解的情况下,给出了注入数据的攻击方式。作者分别从攻击者和电网操作人员的不同角度,描述了在不完整信息情况下该数据注入攻击的数学特性,提出了一种全新的脆弱性测量方法。文献[110]分析了智能电网在数据注入攻击情况下的状态估计脆弱性问题,在未知雅克比矩阵和系统维数情况下提出了一种构建攻击向量的方法。文献[111]研究了网络物理系统中存在的数据注入攻击问题,基于均值可任意设置的高斯分布提出了一种通用的线性攻击策略,该策略能够取得系统状态最大的远程估计误差并同时确保了攻击的隐秘性。文献[112]分析了网络物理系统在网络攻击下的系统响应问题,根据攻击者介入系统能力的不同,重点分析了 3 种隐秘性的欺骗攻击形式,基于响应的动态特性和测试算法,给出了该攻击行为能够成功通过检测系统的充分必要条件。为了确保网络物理系统运行的可靠性和安全性,文献[113]研究了当执行器在物理层发生非法网络攻击情况下控制器的设计问题,通过采用一种新的李雅普诺夫函数和 Nussbaum 函数构建了一种全新的控制策略,能够保证闭环网络物理系统的渐进稳定。文献[114]针对智能电网的数据注入攻击问题,基于智能化的深度学习技术提出了一种数据注入实时检测方法,给出了描述影响电网状态测量的数据注入攻击行为的优化模型。文献[115]在分析了不同数据注入攻击方法的基础上,针对性地提出了一种优化判别策略。该策略通过对电力系统相位量测部件 (PMUs) 的量程校准和高速采样,可精确获取电力系统的动态特性和整体性能,并基于博弈论提出了一种包括检测和防护的双层模型。Manandhar K. Cao X., Hu F. 等人[116-117]在考虑智能电网遭受数据注入攻击情况下,提出了一种具有鲁棒性安全结构的数学模型。该模型采用卡尔曼滤波器估计系统过程变量的状态,并基于状态估计量设计了一种 $\chi^2$ 检测器,论证了该检测器在检测各种不同类型的网络攻击方面的有效性。在文献[118]中,作者针对线性离散时不变系统,研究了数据注入攻击对传感器网络中状态估计值的影响,并基于卡尔曼滤波器提出了一种"椭球"算法去估计系统遭受攻击下的状态值。

在以固定时间作为驱动模式的控制系统中,每隔一个较短时间段($T_s$),传感器的数据发送装置器会进行一次数据采样、数据保存和向控制器发送检测数据的操作。如果该发送装置连续不断地发送数据(即 $T_s \to 0$),那么接收端将连续接收检测数据并不断地触发控制信息产生控制作用。此时可将网络化控制系统建模为连续型控制系统。基于时间驱动的控制系统一般通过在传感器数据发送装置上设置一个定时器来实现。在初始状态下可将定时器的溢出值设定为 $T_s$,当定时器溢出时发送装置进行数据采样、数据保持、数据量化、打包成帧及数据发送等系列行为。控制系统的方框图如图 7-3 所示。

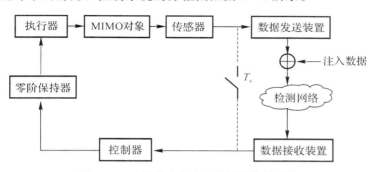

图 7-3　时间驱动方式下的网络控制系统

控制系统中的非法数据注入行为,可认为在传感器输出值上叠加了攻击数据。由于攻击者注入非法数据时存在任意性且不可预测,控制器很难做到对控制对象的弹性控制。对于建模为连续型的网络化控制系统来说,传感器数据发送装置需连续地发送检测数据。考虑到攻击节点需要一定时间运行攻击算法和组装数据,可利用短暂时间内注入数据保持恒定这一特性去分析非法数据的注入行为。从目前文献来看,在检测通道存在数据注入攻击条件下,对于多个输出参数需保持恒定的 MIMO 对象来说,实现系统的弹性稳定尚缺乏有效措施。本章针对多个输出参数需稳定的网络化控制系统,首先通过将物理对象建模为连续型控制系统,提出了一种基于线性二次型(Linear Quadratic,LQ)的输出跟踪策略,在控制器中采用了积分环节实现了对输出参数的无静差控制,给出了保持系统稳定需满足的条件。其次,在考虑检测通道发生数据注入攻击情况下,通过构建对象模拟器的方式,在假定输出干扰均值短时间不变化的情况下给出了数据注入攻击下的弹性控制策略。在非法数据注入行为发生后,设计基于状态反馈和输出跟踪的控制器是本章的核心内容。

# 7.2　网络化控制系统的数据注入攻击特性

数据注入攻击指的是攻击者通过传输信道向控制器、执行器或传感器的输出信号上叠加非法信号,作为数据输入单元的接收信号[119-120]。在控制网络和检测网络发生数据注入攻击行为的一个网络化控制系统如图 7-4 所示。

在图 7-4 中,$u(t)$ 为控制器的直接输出向量,$u_1(t)$ 为攻击者通过控制网络非法获取的向量。通过向量 $u_1(t)$ 攻击者可判断控制器的输出特性。$u_2(t)$ 为执行器实际接收到的向量。正常情况下如果控制系统中没有发生数据注入攻击行为,则 $u(t)=u_2(t)$。$y(t)$ 为传感器直接输出的检测向量,$y_1(t)$ 为攻击者通过网络非法获取的传感器输出,$y_2(t)$ 为控制器通过检测网络传输后得到的传感器检测信息。正常情况下应满足 $y(t)=y_2(t)$。$\zeta(t)$ 为系统中的过程通道干扰向量,该干扰向量叠加在执行器的输出值上,直接对物理对象产生作用。如果将执行器、物理对象和传感器系统看作一个广义对象,过程干扰向量 $\zeta(t)$ 可认为是一个维数为 $n$ 的外部输入向量[121-122]。$\eta(t)$ 为系统的输出干扰向量,该向量可认为是在传感器的输出值上叠加的外部输出向量。$\eta(t)$ 可表达为一个维数为 $q$ 的随机向量。在本章的分析中,认为 $\zeta(t)$ 和 $\eta(t)$ 的统计特性为已知,即 $\zeta(t)$ 和 $\eta(t)$ 都为服从均值为 0 的向量,其协方差矩阵分别为 $Q$ 和 $W$。同时,$\zeta(t)$ 和 $\eta(t)$ 中的各个单元都相互独立,即 $Q$ 和 $W$ 分别为对角矩阵[123]。

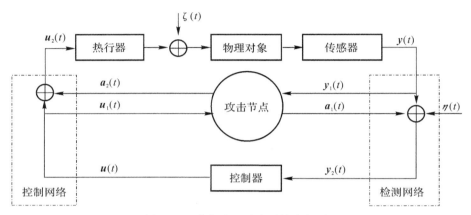

图 7 - 4　数据注入攻击系统方框图

图 7-4 中的攻击者为具有一定运算、数据存储及分析功能的智能节点。该节点由数据发送单元、数据接收单元、内部数据存储器及高性能处理器构成。为了有效并隐秘地对控制系统发动攻击,攻击节点有能力通过控制网络和检测网络读取控制器和传感器的输出数据。这里攻击节点读取的向量用 $u_1(t)$ 和 $y_1(t)$ 来表示。如果攻击节点能够正确破解两个传输信道的加密策略,则 $u_1(t)=u(t)$,$y_1(t)=y(t)$。理论上,攻击节点通过采集一定量的 $u_1(t)$ 和 $y_1(t)$ 可预测出广义对象的数学模型,从而针对性地对控制系统发动恶意攻击。$a_1(t)$ 和 $a_2(t)$ 是由攻击节点发出的攻击向量,其各个元素均为具有一定频率和幅值的周期信号。如果 $a_1(t)$ 和 $a_2(t)$ 的数值能够被执行器或控制器正确接收,可认为在控制网络和检测网络上发生了数据注入攻击行为,即控制指令和检测信息被叠加了非法的数据,表示为

$$\left. \begin{array}{l} u_2(t)=u(t)+a_2(t) \\ y_2(t)=y(t)+a_1(t) \end{array} \right\} \tag{7-1}$$

常见的数据注入攻击有偏移攻击和几何攻击。偏移攻击是攻击者将传感器的输出数据叠加常数信号后发送给控制器,几何攻击是将传感器输出数据叠加一个时间的函数。这里用 $K_a=\langle k_s,\cdots,k_e\rangle$ 表示 $k_s$ 到 $k_e$ 时刻的攻击持续时间,其中 $k_s$ 为起始攻击时刻,$k_e$ 为攻击结束时刻。下式给出了两种攻击下控制器得到观测信号的数学描述[124]:

$$\tilde{y}_i(k)=\begin{cases} y_i(k),k\notin K_a \\ y_i(k)-c_i,k\in K_a \end{cases} \tag{7-2}$$

$$\tilde{y}_i(k) = \begin{cases} y_i(k), k \notin K_a \\ y_i(k) - \beta_i \alpha_i^{n-k}, k \in K_a \end{cases} \qquad (7-3)$$

在无线传输方式下,如果 $a_1(t)$ 和 $a_2(t)$ 不能被执行器和控制器正确接收,但两个攻击向量中的元素选择了与 $u(t)$ 和 $y(t)$ 相同频率的发射信号,则执行器和控制器无法接收到信号 $u_2(t)$ 和 $y_2(t)$。如果在较长时间内执行器或控制器无法接收到信号 $u_2(t)$ 和 $y_2(t)$,该系统的控制功能将完全失去作用。在这种情况下,控制器可通过改变数据发送和接收频率暂时避开攻击信号的影响。

如果攻击者以间歇式方式,即攻击者每隔一段固定的时间发出与 $u(t)$ 和 $y(t)$ 相同频率的信号以干扰执行器和控制器的接收信号 $u_2(t)$ 和 $y_2(t)$,则这种攻击行属于 DoS 行为。在 DoS 攻击过程中,随着攻击占空比(一定时间段内 DoS 攻击时间所占比例)的不同,该攻击行为对控制系统性能的影响程度也不同。攻击占空比越大,对控制系统的破坏作用越大。当攻击占空比达到一定程度时,系统的稳定性会受到影响。DoS 攻击过程如图 7-5 所示。

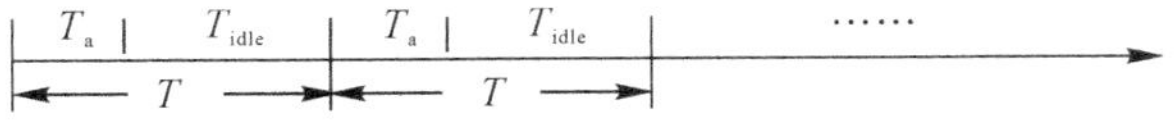

图 7-5　DoS 攻击过程示意图

图 7-5 中的 $T(T \gg T_s)$ 表示一个计时时间段,$T_a$ 表示攻击时间段,$T_{idle}$ 表示非攻击时间段。攻击占空比表示为

$$\rho = \frac{T_a}{T_a + T_{idle}} \qquad (7-4)$$

在 DoS 攻击 $T_a$ 时间段内,由于数据接收端不能够接收到正确的反馈信息,闭环控制系统处于开环控制状态。很明显,若物理对象开环稳定,在 $T_a$ 时间段内被控参数在输入作用保持不变的条件下以指数方式收敛,此时系统没有能力克服外界干扰信号的影响。在 $T_{idle}$ 时间段内,数据接收端能够接收正确的反馈信息,系统恢复到闭环控制状态。

隐藏性数据注入攻击是攻击者为了避开攻击检测系统,期望隐秘破坏控制系统运行特性的一种攻击行为。攻击节点在获取一定数量的控制信息和检测信息 $[u_1(t)$ 和 $y_1(t)]$ 基础上,可获得系统在正常状态下这些控制命令和检测信息的统计特性。攻击者在分析这些信息统计特性的基础上,可产生一定分布的随机数据。以这些随机数据为基础,攻击节点可对网络控制系统发动各种攻击行为。由于异常检测系统得到的检测数据的统计信息与正常情况下相同,这种攻击行为在一般情况下可避开检测系统,可在适当时刻隐秘地对系统产生破坏作用。

# 7.3　包含异常检测器的网络化控制系统

严格来说,仪表之间只要通过信道传输信息,控制系统就存在被注入数据的可能性。目前,基于网络传输信息的控制系统一般采用两层网络完成控制功能。监控计算机通过采用 TCP/IP 协议的信息网络向控制器设定工作参数,并在控制系统运行时读取工作参数和运行状态。控制器、执行器和各个传感器之间传输的实时数据通过底层网络来传输。因为控制系统在遭受网络攻击时,控制器的参数可以重新设定为正常状态时的工作参数,信息网络的安全性不会对控制系统的运行造成直接影响。监控计算机读取控制系统工作参数时不允许修改控制器与控制特性有关的运行参数。

鉴于控制器和执行器都是智能化节点,出于安全考虑,可将与控制策略相关的控制算法放在执行器节点上运行,这样可省略掉单独的控制器。这种情况下由执行器和传感器构成的闭环控制系统只存在一个传输通道,避免了执行器直接遭受攻击的可能性,大大提高了系统的安全性能。考虑到控制系统的运行安全,需设计一种具有一定防护功能的控制器。该控制器包含攻击检测器和算法控制器两部分。攻击检测器用于控制系统异常行为的检测,旨在实时检测控制系统的性能是否偏移了正常状态。目前与攻击检测有关的方法有非参数CUSUM 方法[125-126]、欧几里得距离检测方法、数据挖掘方法和卡方检验法等。算法控制器在正常情况下运行维持输出参数稳定的控制算法。当攻击检测器发现系统异常时,将通知控制器切换控制策略,最大限度地保护被控对象,即保持被控参数的相对稳定(即弹性稳定)。

由于检测网络存在数据注入的可能性,可将安全控制器的工作方式设定为两种,即正常工作模式和保护模式。正常模式是攻击检测器没有检测到数据注入攻击行为时控制器正常的工作状态。保护模式是攻击检测器检测到数据注入攻击后,将控制算法切换到一种具有防护作用,能够使系统相对稳定的控制策略。一个具体的带有安全保护措施的网络化控制系统如图 7-6 所示。图 7-6 中,控制器通过信息网络获取控制系统的运行参数,这些参数包括被控参数的设定值、控制算法中影响控制系统稳定性和动态特性的相关参数以及攻击检测器有关参数等。这些参数一旦设定好后在短时间内不会被修改。攻击检测器通过控制器接收到的检测信息和输出数据判断控制系统是否工作正常。数据注入攻击信号来于检测网络,攻击值和传感器的输出值叠加后将被控制器所接收。

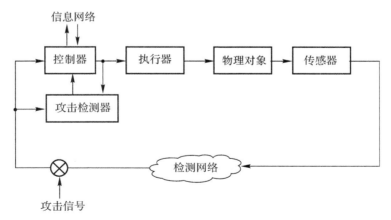

图 7-6  传感器端有数据注入的网络控制系统

# 7.4　基于 LQ 最优跟踪和状态反馈的网络化控制系统

## 7.4.1　基于被控参数 LQ 最优跟踪和状态反馈的控制器设计

输出跟踪问题,即要求控制器选择一种控制规律,使得某一物理对象的被控变量能够跟踪某一给定变量的输出轨线。最优跟踪指的是控制器在输出理想跟踪曲线过程中某性能指标为最小。LQ 最优跟踪问题为针对某一物理对象,要求对象的输出变量跟踪某一设定曲线情况下,使 LQ 性能指标为最小。采用 LQ 最优跟踪的策略如图 7 - 7 所示。图 7 - 7 中 $\boldsymbol{y}'(t)$ 表示需要跟踪的变量,$\boldsymbol{u}(t)$ 表示控制器的最优输出,$\boldsymbol{y}(t)$ 表示实际对象的被控输出变量。输出跟踪控制分为有限时间最优跟踪和无限时间最优跟踪两种情况。这两种情况主要体现在跟踪过程中保持的性能指标有所差异。对于有限时间最优跟踪控制系统来说,其性能指标如下[127]:

$$J = \frac{1}{2}\boldsymbol{e}^{\mathrm{T}}(t_{\mathrm{f}})\boldsymbol{F}\boldsymbol{e}(t_{\mathrm{f}}) + \frac{1}{2}\int_{t_0}^{t_{\mathrm{f}}}\left[\boldsymbol{e}^{\mathrm{T}}(t)\boldsymbol{Q}\boldsymbol{e}(t) + \boldsymbol{u}^{\mathrm{T}}(t)\boldsymbol{R}\boldsymbol{u}(t)\right]\mathrm{d}t \tag{7-5}$$

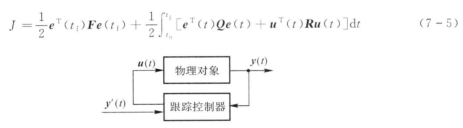

图 7 - 7　LQ 最优跟踪控制系统

该性能指标指的是在 $t_0 \sim t_{\mathrm{f}}$ 时间段内,控制器输出值 $u(t)$ 要使式(7 - 5)的值为最小。在实际应用中由于时间范围 $t_0 \sim t_{\mathrm{f}}$ 的大小不便确定,往往会选择无限长时间的最优跟踪方式。理论上,无限长时间跟踪方式旨在无限长时间内使整个系统消耗的能量最小。一般地,这种跟踪方式在追求性能指标最优的同时不能保证被控参数的输出量实现完全的无静差跟踪。

利用 LQ 跟踪器的最优跟踪特性,在闭环控制系统中采用 LQ 跟踪控制器可实现多个被控物理参数在实时检测条件下的最优控制。针对一个 MIMO 物理对象,基于 LQ 跟踪方式实现的控制系统结构如图 7 - 8 所示。控制器采用 Luenberger 状态观测器[128-129]获得系统的状态估计,在 LQ 跟踪控制器获得最优的跟踪输出基础上,积分环节负责实现整个系统的闭环控制。

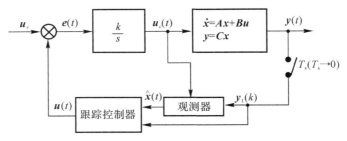

图 7 - 8　输出跟踪控制系统方框图

当系统设定值为常数时,利用跟踪物理对象的输出值产生控制变量 $u(t)$,在此基础上充分利用积分和比例环节的控制特性,可实现输出参数的无静差控制。积分环节的加入不仅能够增强系统的抗干扰能力,还可以使输出变量无偏差地达到被控参数的设定值[130-131]。LQ 跟踪控制器的作用在于基于被控制对象的状态观测值和被控对象的实际输出值计算出所对应的积分控制器的输入值。将执行器、实际物理对象和传感器看作一个广义对象,其状态方程可描述为

$$\left.\begin{aligned}\dot{x} &= Ax + Bu \\ y &= Cx\end{aligned}\right\} \tag{7-6}$$

式中:$A$,$B$ 和 $C$ 为常系数矩阵,即该系统为线性时不变系统。图 7 - 8 中的 $u_r$ 为 $p$ 维常数输入向量,其值代表了被控参数设定值的大小。该向量的具体值与控制系统正常工作状态下的期望输出向量 $y_r$ 相对应,其值决定了系统正常工作条件下实际对象输出值的大小。$y(k)$ 为系统的 $q$ 维输出向量。在没有发生数据注入攻击的情况下,状态观测器的输入向量 $y_1(k)$ 等于传感器输出向量 $y(k)$。状态观测器基于 $y_1(k)$ 和输入 $u_c(t)$ 实时观测对象的状态向量,其观测方程为[132]

$$\dot{\hat{x}} = (A - LC)\hat{x} + Ly_1 + Bu_c, \hat{x}(0) = \hat{x}_0 \tag{7-7}$$

式中:$\hat{x}$ 为观测器内部状态,即观测到实际广义对象的工作状态。$L = \overline{K}^{\mathrm{T}}$,$\overline{K}$ 为在给定 $\overline{A} - \overline{B}\overline{K}(\overline{A} = A^{\mathrm{T}}, \overline{B} = B^{\mathrm{T}})$ 期望极点的情况下,满足 $\overline{A} - \overline{B}\overline{K}$ 稳定条件的状态反馈矩阵。这里 LQ 跟踪器跟踪的向量为物理对象的实际输出信号,其最优性能指标为

$$J = \frac{1}{2}\int_0^\infty \left[e^{\mathrm{T}}(t)Qe(t) + u^{\mathrm{T}}(t)Ru(t)\right]\mathrm{d}t \tag{7-8}$$

式中:$Q$,$R$ 为根据控制需求设定的对称、正定的最优权系数矩阵。$Q$,$R$ 代表了控制系统的最优性能指标。式(7 - 8)中的 $e(t)$ 表示跟踪误差,即系统期望输出与实际输出之间的差值,描述为

$$e(t) = y_r(k) - y(t) \tag{7-9}$$

由最优控制理论可知,满足式(7 - 8)性能指标最小并使 $y(t)$ 跟踪 $y_r(k)$ 的最优控制输出为

$$u^*(t) = -R^{-1}B^{\mathrm{T}}Px(t) + R^{-1}B^{\mathrm{T}}g \tag{7-10}$$

式中:$P$ 是对称正定的常数矩阵,满足以下代数黎卡提方程,即

$$PA + A^{\mathrm{T}}P - PBR^{-1}B^{\mathrm{T}}P + C^{\mathrm{T}}QC = 0 \tag{7-11}$$

式中：$g$ 为伴随向量，其取值与被跟踪的信号有关，取值为

$$g = (PBR^{-1}B^T - A^T)^{-1}C^TQy \qquad (7-12)$$

即

$$g = (PBR^{-1}B^T - A^T)^{-1}C^TQCx(t) \qquad (7-13)$$

简化描述为

$$g = Mx(t) \qquad (7-14)$$

这里的 $M$ 定义为伴随矩阵，其值为

$$M = (PBR^{-1}B^T - A^T)^{-1}C^TQC \qquad (7-15)$$

式（7-12）中的 $y$ 为被跟踪的输出向量，也是控制系统的实际输出向量。式（7-10）中的 $u^*(t)$ 是跟踪控制器的输出向量，即能够跟踪式（7-12）中的期望输出 $y$ 所对应的控制量。由于采用的是无限时长的跟踪方式，在短时间内系统输出会存在跟踪误差。为了消除该误差，这里采用了加入积分环节的控制方式。图 7-8 中物理对象的 $p$ 维输入向量 $u_c(t)$ 与设定输入 $u_r$ 及跟踪器的输出 $\hat{u}(t)$ 之间的数学关系描述为

$$u_c(t) = k\int_0^t (u_r - \hat{u}(t))dt = k\int_0^t (u_r + R^{-1}B^TPx(t) - R^{-1}B^Tg)dt \qquad (7-16)$$

式中，$k = \text{diag}\{k_1, k_2, \cdots, k_p\}$ 表示 $p$ 维积分系数矩阵。假定状态观测器的初始状态为 $\hat{x}(0) = 0$，可得

$$\dot{u}_c(t) = k(u_r + R^{-1}B^TPx(t) - R^{-1}B^TMx(t)) \qquad (7-17)$$

将 $u_c(t)$ 作为系统的增广状态向量，可得系统的增广状态方程如下：

$$\begin{bmatrix} \dot{x} \\ \dot{u}_c \end{bmatrix} = \begin{bmatrix} A & B \\ kR^{-1}B^TP - kR^{-1}B^TM_o \end{bmatrix} \begin{bmatrix} x \\ u_c \end{bmatrix} + \begin{bmatrix} I_1 & o \\ o & I_2 \end{bmatrix} \begin{bmatrix} 0 \\ ku_r \end{bmatrix} \qquad (7-18)$$

式中：$I_1$ 和 $I_2$ 分别表示 $n$ 维和 $p$ 维的单位矩阵。可见，要使闭环系统稳定，充分必要条件为正确选择积分系数矩阵 $k$，使

$$\bar{A} = \begin{bmatrix} A & ,B \\ kR^{-1}B^TP - kR^{-1}B^TM ,O \end{bmatrix} \qquad (7-19)$$

的特征值具有负实部。

LQ 跟踪器采用无限长时间的跟踪方式，其输出量在短时间内很难做到无静差跟踪，其实际输出与被跟踪的信号存在一定的误差。如果控制系统稳定，只有时间为无穷大时，满足以下条件成立才能够做到完全跟踪[133-134]：

$$\hat{u}(t) = u^*(t) \qquad (7-20)$$

即

$$\hat{u}(t) = -R^{-1}B^TPx(t) + R^{-1}B^Tg \qquad (7-21)$$

整个控制系统的状态方程可描述为

$$\dot{x}(t) = (A - BR^{-1}B^TP)x(t) + BR^{-1}B^Tg \qquad (7-22)$$

在一个跟踪周期内，可认为 $g$ 的取值为常数向量，当 $t \to \infty$ 时系统状态的稳态解为

$$x_\infty = \lim_{s \to 0}(sI - A + BR^{-1}B^TP)^{-1}BR^{-1}B^Tg = (-A + BR^{-1}B^TP)^{-1}BR^{-1}B^Tg$$

$$(7-23)$$

与期望输出的偏差为

$$\Delta x = x_{\mathrm{r}} - x_{\infty} = -A^{-1}Bu_{\mathrm{r}} - (-A + BR^{-1}B^{\mathrm{T}}P)^{-1}BR^{-1}B^{\mathrm{T}}g \qquad (7-24)$$

设计控制器时可通过确定一个修正系数矩阵使该误差为 **0** 向量,即需确定一个 $\lambda$ 矩阵,使得

$$-A^{-1}Bu_{\mathrm{r}} - \lambda(-A + BR^{-1}B^{\mathrm{T}}P)^{-1}BR^{-1}B^{\mathrm{T}}g = 0 \qquad (7-25)$$

其中

$$\lambda = \mathrm{diag}\{\lambda_1, \lambda_2, \cdots, \lambda_n\} \qquad (7-26)$$

$\lambda$ 可通过稳态时确定,即认为时间无穷大后跟踪器能达到无静差跟踪某一常数,此时应满足

$$-A^{-1}Bu_{\mathrm{r}} - \lambda(-A + BR^{-1}B^{\mathrm{T}}P)^{-1}BR^{-1}B^{\mathrm{T}}g_{\mathrm{r}} = 0 \qquad (7-27)$$

其中

$$g_{\mathrm{r}} = (PBR^{-1}B^{\mathrm{T}} - A^{\mathrm{T}})^{-1}C^{\mathrm{T}}Qy_{\mathrm{r}} \qquad (7-28)$$

$$y_{\mathrm{r}} = -CA^{-1}Bu_{\mathrm{r}} \qquad (7-29)$$

式中:$y_{\mathrm{r}}$ 为系统的理想固定输出值。在不考虑网络丢包和通信延时的情况下,状态观测器采用连续的采样方式,即 LQ 跟踪器以固定时间 $T_{\mathrm{s}}$ 周期性地对观测状态和系统输出 $y(t)$ 进行读取,实现对被控物理参数的跟踪输出。在跟踪周期时间段 $T_{\mathrm{s}}$ 内,可认为 LQ 跟踪器的跟踪向量为常数。当时间增加时,由于积分作用的累积,最终会使得跟踪器的输出 $\hat{u}(k)$ 逼近于 $u_{\mathrm{r}}$,使积分器输入为 0,输出等于跟踪器输出。LQ 跟踪器的输出描述为

$$\hat{u}(t) = -R^{-1}B^{\mathrm{T}}Px(t) + \lambda R^{-1}B^{\mathrm{T}}g_{\mathrm{r}} \qquad (7-30)$$

## 7.4.2 基于被控参数 LQ 最优跟踪和状态反馈的控制系统仿真

以一个液位控制系统为研究对象,并将控制阀、管道、罐及传感器定义为一个广义对象,系统方框图如图 7-9 所示。控制阀上的处理器运行控制算法并通过控制阀开度对管道中的流量进行控制。管道的流量值直接影响罐中的液位的变化。液位传感器以无线传输方式将检测值传送给控制阀上的控制器。

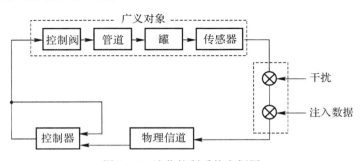

图 7-9  液位控制系统方框图

假定控制阀、管道和罐的传递函数分别为

$$G_1(s) = \frac{1}{6s+1}$$
$$G_2(s) = \frac{1}{3s+1}$$
$$G_3(s) = \frac{1}{150s+1}$$
$$(7-31)$$

在假定传感器没有检测延时的情况下，广义对象的传递函数为

$$G(s) = G_1(s)G_2(s)G_3(s) = \frac{1}{(6s+1)(3s+1)(150s+1)} \qquad (7-32)$$

将广义对象的传递函数模型转换为一个状态方程描述为

$$\dot{x} = Ax + Bu$$
$$y = Cx$$
$$(7-33)$$

其中

$$A = \begin{bmatrix} -\dfrac{1}{6} & 0 & 0 \\ \dfrac{1}{3} & -\dfrac{1}{3} & 0 \\ 0 & \dfrac{1}{150} & -\dfrac{1}{150} \end{bmatrix}, \quad B = \begin{bmatrix} \dfrac{1}{6} \\ 0 \\ 0 \end{bmatrix}, \quad C = [0,0,1]$$

Simulink 下搭建的仿真模块如图 7-10 所示。图中除了包含物理对象模型外，还包括了状态观测器、LQ 跟踪控制器和积分控制单元 3 个子系统，这 3 个子系统为控制器的核心组成部分。为了体现网络化控制系统中由于数字传输引起的短暂检测数据延迟，在 LQ 跟踪控制器的输入端施加周期为 1 s 的时钟 Clock。在该时钟的驱动下，预示着传感器信息和控制器输出信息经 1 s 采样后可保持下来。

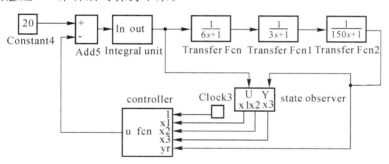

图 7-10　控制系统仿真结构图

图 7-10 中的积分控制单元基于积分和比例控制实现了对被控参数的控制，使被控物理参数能够无静差达到期望值，其子系统描述如图 7-11 所示。

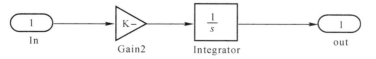

图 7-11　积分控制环节子系统结构图

该环节由比例环节和纯积分环节串联组成,比例环节的放大系数 $K$ 决定了控制器控制能力的强弱,$K$ 的选择需满足闭环控制系统稳定条件,该值太大会引起系统的不稳定,太小会增加闭环控制的调节时间。Luenberger 状态观测器基于控制器接收到的传感器输出值和积分环节的输出值得到广义被控对象的状态值,产生的三个状态估计值 $x_1(t)$、$x_2(t)$ 和 $x_3(t)$ 直接提供给 LQ 最优跟踪控制器。

液位设定值 $u_r$ 为系统输入向量,该向量为阶跃信号,这里设定为常数 20。控制阀开度、管道流量及液位描述为系统状态 $x_1(t)$、$x_2(t)$ 和 $x_3(t)$。液位的输出信号为系统输出 $y(t)=x_3(t)$。选取 LQ 跟踪器的二次型指标 $R=I,Q=I$,对应的黎卡提方程为

$$PA+A^{\mathrm{T}}P-PBR^{-1}B^{\mathrm{T}}P+C^{\mathrm{T}}QC=0 \tag{7-34}$$

该方程的解为

$$P=\begin{bmatrix} 0.094\,1 & 0.047\,4 & 2.343\,7 \\ 0.047\,4 & 0.024\,6 & 1.237\,1 \\ 2.343\,7 & 1.237\,1 & 63.556\,2 \end{bmatrix}$$

控制器加入积分环节后,形成的增广矩阵为

$$\bar{A}=\begin{bmatrix} A & B \\ kR^{-1}B^{\mathrm{T}}P-kR^{-1}B^{\mathrm{T}}M & O \end{bmatrix} \tag{7-35}$$

得到的伴随矩阵为

$$M=(PBR^{-1}B^{\mathrm{T}}-A^{\mathrm{T}})^{-1}C^{\mathrm{T}}QC \tag{7-36}$$

将增广矩阵代入具体数值得到

$$\bar{A}=\begin{bmatrix} -\dfrac{1}{6} & 0 & 0 & \dfrac{1}{6} \\ \dfrac{1}{3} & -\dfrac{1}{3} & 0 & 0 \\ 0 & \dfrac{1}{150} & -\dfrac{1}{150} & 0 \\ 0.015\,7k & 0.007\,9k & -0.316\,5k & 0 \end{bmatrix}$$

取积分常数 $k=0.001$,可知该控制系统是稳定的。计算得到 LQ 跟踪控制器伴随向量的修正系数为 $\lambda=2$。得到的状态反馈增益矩阵为

$$K=R^{-1}B^{\mathrm{T}}P=[\,0.015\,7 \quad 0.007\,9 \quad 0.390\,6\,] \tag{7-37}$$

跟踪器由 $y'(t)$ 引起的输出可表示为

$$\hat{u}(t)=-Kx(t)+2B^{\mathrm{T}}g \tag{7-38}$$

将观测器极点均配置为 $-1$ 位置,得到的观测器观测方程为

$$\dot{\hat{x}}=(A-LC)\hat{x}+Ly+Bu \tag{7-39}$$

式中

$$L=\begin{bmatrix} 260.416\,7 \\ 254.166\,7 \\ 2.493\,3 \end{bmatrix}$$

存在状态干扰和输出干扰情况下,设定从传感器端每隔 1 s 读取一个检测数据作为 LQ

跟踪器的输入数据,系统阶跃响应($u_r=20$)曲线如图 7-12 所示。从该图中可以看出,控制系统在正常工作状态下,被控对象的 3 个内部状态都保持在 20 的常数状态不变化。

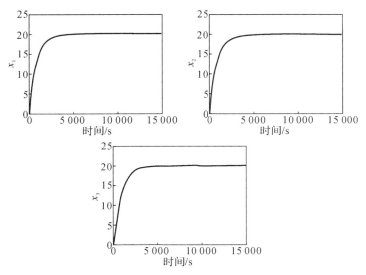

图 7-12　正常情况下控制系统的状态输出

当系统存在状态干扰信号,且干扰信号均值在一定时间段内为常数时,系统的输出曲线如图 7-13 所示。从图中可以看出,在干扰信号(均值在一定时间内不变化)存在的情况下,系统可以消除稳态干扰的影响,有能力将被控物理参数恢复到设定值。

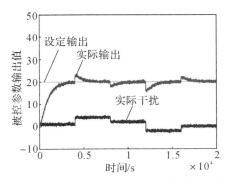

图 7-13　存在均值非 0 状态干扰情况下的系统输出

图 7-8 中的 LQ 跟踪控制器以 $T_s$ 周期性地读取 MIMO 对象的物理输出,并以该物理输出的均值作为跟踪控制器的输入向量 $\boldsymbol{y}_r$。为了减小跟踪误差,在获取 $n$ 个采样数据的基础上,采用一次移动平均预测法,即在第 $k$ 个采样周期结束后,得到的跟踪向量为

$$\boldsymbol{y}_r(k) = \frac{1}{n} \sum_{i=0}^{n-1} \boldsymbol{y}_1(k-i) \qquad (7-40)$$

在第 $k$ 个跟踪周期内,LQ 跟踪器以该值为跟踪常数向量。

当 $k$ 持续增加时,由于跟踪作用使系统输出 $\boldsymbol{y}(t)$ 渐进逼近 $\boldsymbol{y}_r$,积分作用的累积使误差

$e(t)$为0,最终会使得跟踪器的输出$u(t)$逼近于$u_r$,当积分器输入为0时,其输出值等于跟踪器的输出值。采用一次移动平均预测法,以20 s的检测数据均值作为LQ跟踪器的输入向量,在传感器输出端分别施加均值为0,方差为0.2的随机干扰,得到系统阶跃响应($u_r=$20)曲线如图7-14所示。

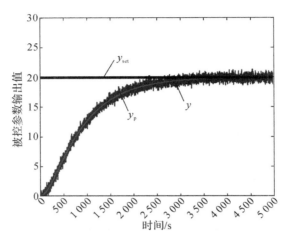

图7-14  采用一次平均预测LQ跟踪条件下的系统输出

从图7-14中可以看出,当设定值($y_{set}$)为20时,传感器的检测值存在动态误差情况下,物理对象的输出值($y_p$)随时间的增加逐渐趋于稳定,呈现出较小的动态误差。在检测通道受到攻击时,假定传感器的输出被注入了一个常数2,得到的输出曲线如图7-15所示。可以看出,当设定值($y_{set}$)为20时,传感器的检测值存在动态误差和数据注入情况下,物理对象的输出值($y_p$)随时间的增加逐渐趋于稳定,在呈现出较小的动态误差时不能实现无静差跟踪。当传感器受到攻击时,控制器接收到了错误的检测数据,最终控制结果是使接收到的虚假检测数据$y$趋于设定值20。

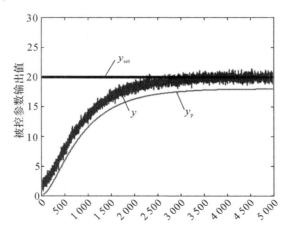

图7-15  传感器输出被注入常数时采用一次平均预测LQ跟踪条件下的系统输出

当传感器没有受到攻击、即传感器的稳态检测误差为 0 时,图 7-16 和图 7-17 分别给出了在不同时间段跟踪控制器的跟踪值 $y_r$ 与物理对象输出 $y_p$ 及传感器输出 $y$ 之间的对比关系,其中图 7-16 为系统未达稳定前在第 500~600 s 3 个变量的输出值,图 7-17 为系统稳定后 4 500~5 000 s 3 个变量的输出值。可以看出,未达稳定前由于检测值 $y$ 与设定值存在偏差,使得积分环节的输出随时间逐渐增加,从而使 $y$ 向设定值逼近。随着跟踪误差的逐渐减小,$y_r$ 向设定值逼近的同时,实际对象输出 $y_p$ 持续渐进且均匀地逼近理想值 20,最终可实现无静差控制。待系统由过渡状态进入稳定状态后,尽管跟踪变量 $y_r$ 由于平均计算存在阶梯性误差,但物理对象的输出值始终保持恒定。可以看出,尽管传感器的输出值存在动态干扰,但采用基于 LQ 输出跟踪的控制策略可消除传感器动态误差的影响。

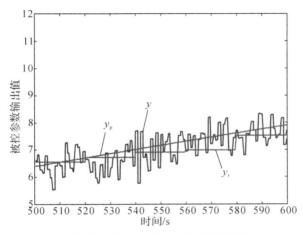

图 7-16　LQ 跟踪条件下 $y_r$ 和 $y_p$ 的变化情况(500~600 s)

## 7.5　数据注入攻击下的控制系统安全控制策略

当控制系统的检测通道发生数据注入攻击行为时,控制器很难获得攻击节点的攻击特性和非法注入数据的数学描述。本章提出一种采用建立对象模拟器的方法以降低或阻止非法数据注入对控制系统输出特性的影响。对象模拟器是一种采用软件方法在控制器中实现的用于模拟广义对象的数学函数。在没有外部干扰的情况下,对象模拟器可直接采用实际被控对象的数学模型。如果实际物理对象是可控并可观测的,一个定常时不变的模拟器描述为

$$y''(t) = C\left[e^{At}x_0 + \int_0^t e^{A(t-\tau)})Bu(\tau)d\tau\right] \tag{7-41}$$

式中:$y''(t)$ 为 $q$ 维输出向量;$A$,$B$,$C$ 为物理对象的系统矩阵;$u(t)$ 为控制器经积分运算输

出到物理对象的控制信号。考虑到外部干扰对控制系统的影响,可采用对最近时间段内数据进行统计的方法,估计出当前时间段系统所受干扰信号的平均值。当攻击检测器发现有数据注入行为时,控制器将模拟器的输出信号作为状态观测器和跟踪器的实际输入信号,并将统计出的干扰信号作为需进行补偿的干扰信号。

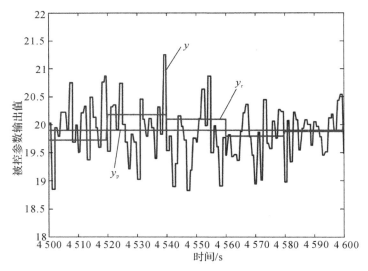

图 7-17　LQ 跟踪条件下 $y_r$ 和 $y_p$ 的变化情况(4 500~4 600 s)

数据注入攻击下的安全控制系统的结构如图 7-18 所示,图中 $\boldsymbol{\eta}(t)$ 表示输出干扰向量,$\boldsymbol{y}(t)$ 为与物理对象相关的被控向量,$\boldsymbol{y}''(t)$ 表示对象模拟器的模拟输出。在传感器输出的检测数据通过数字化网络传输后,状态观测器、异常检测器和 LQ 跟踪控制器得到的为离散化的数据。此处用 $\boldsymbol{a}(k)$ 表示攻击者(节点)通过检测网络注入的攻击向量。$\boldsymbol{y}'(k)$ 表示控制器通过网络获取到离散化的检测数据。没有数据注入时,$\boldsymbol{y}'(k)$ 能够正确反映物理对象实际输出 $\boldsymbol{y}(t)$ 的大小。$\hat{\boldsymbol{y}}(k)$ 为对象模拟器输出向量的离散化信息,攻击检测器基于该向量判别是否有攻击行为的发生,在检测到系统运行异常后会向状态观测器发出指示信号。

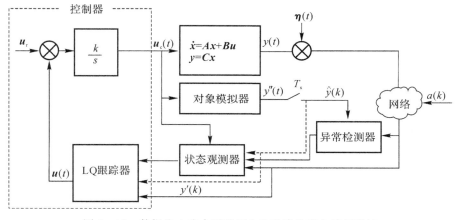

图 7-18　数据注入攻击下基于 LQ 跟踪的安全控制系统

在控制策略由传感器定时驱动条件下,假定传感器以固定周期 $T_s$ 通过检测网络向状态观测器和 LQ 跟踪控制器发送信息。即在 LQ 跟踪器对 $\boldsymbol{y}(t)$ 以 $T_s$ 为周期(LQ 跟踪周期)采样的情况下,第 $k$ 次采样后,LQ 跟踪器的跟踪输入信号 $\boldsymbol{y}_r$ 保持为 $\boldsymbol{y}'(k)$ 不变化,直到第 $k+1$ 次采样。此时干扰和攻击向量以离散化方式对控制系统发生作用。

图 7-18 中的异常检测器用于识别控制系统运行过程中的异常行为。当物理对象的输出参数偏离设定值或系统受到网络攻击时,异常检测器会向控制器发出信号,控制器接收到该信号后会切换控制策略以维持被控物理参数的稳定。异常检测器接收到检测值 $\boldsymbol{y}'_i(k)$,并经过对对象模拟器的输出值 $\boldsymbol{y}'_i(t)$ 同步采样后得到离散值 $\hat{\boldsymbol{y}}(k)$,可通过系统输出向量与对象模拟器输出之差的欧氏距离判断系统是否发生了数据注入行为。一种简单的异常检测器可通过下式进行表述,定义第 $k$ 个跟踪周期后的欧氏距离为

$$d(k) = \sqrt{\sum_{i=1}^{q} (\hat{\boldsymbol{y}}_i(k) - \boldsymbol{y}'_i(k))^2} \qquad (7-42)$$

当 $d(k)$ 值大于设定好的门限值时,认为在该时刻存在一个注入数据,即

$$d(k) > d_0 <=> a(k) \neq 0 \qquad (7-43)$$

$d_0$ 的设定应充分考虑网络化控制系统具体的运行环境和被控物理对象的抗攻击能力。

## 7.5.1　基于输出干扰估计的安全控制策略

在传感器定时驱动条件下,假定控制器接收到一个数据包后,即攻击检测器每隔一时间段 $(T_s)$ 分析一次 $\boldsymbol{y}'(k)$。在第 $k$ 个分析时间段内 $((k-1)T_s \sim kT_s)$,认为输出干扰向量 $\boldsymbol{\eta}(t)$ 的均值始终保持一个常数向量不变化。该向量的大小等于该时间段的均值,表示为 $\boldsymbol{\eta}_{kT_s}$。在 $T_s$ 时间段内,经过采样一定数量的检测数据 $\boldsymbol{y}'(k)$ 和对象模拟器输出 $\hat{\boldsymbol{y}}(k)$,通过对这些数据进行分析,可得到攻击信号与干扰信号之和的周期 $T_k$ 及均值。在 $T_k$ 时间范围内攻击信号与干扰信号之和的均值表示为

$$\overline{a\boldsymbol{r}}_{kT_s} = \frac{1}{T_k} \sum_{T_k} [\boldsymbol{y}'(k) - \hat{\boldsymbol{y}}(k)] \qquad (7-44)$$

假定系统在遭受攻击之前的一个分析时间段内,其干扰信号的均值用 $\eta(0)$ 表示。$\eta(0)$ 的获取是在控制器的控制方式发生切换之前,即控制方式从正常模式切换到保护模式下的前一个 $T_s$ 时间段内的干扰均值。切换控制模式后的第一个 $T_s$ 时间段内,干扰信号的均值可以近似认为与前一个分析时间段的值相等,即

$$\hat{\boldsymbol{\eta}}_{T_s} \approx \eta(0) \qquad (7-45)$$

从而可以估计到在 $T_s$ 时间段内的数据注入信号为

$$\overline{\boldsymbol{a}}_{T_s} \approx \overline{a\boldsymbol{r}}_{T_s} - \hat{\boldsymbol{\eta}}_{T_s} \qquad (7-46)$$

下一个 $T_s$ 时间段的干扰估计值为

$$\hat{\eta}_{2T_s} = \overline{ar}_{2T_s} - \overline{a}_{T_s} \tag{7-47}$$

在后续分析过程中，仍然采用后一个干扰信号的估计值用前一个获取到的干扰值近似，通过迭代计算获取注入信号的估计值，即

$$\overline{a}_{kT_s} \approx \overline{ar}_{kT_s} - \hat{\eta}_{kT_s} \tag{7-48}$$

$$\hat{\eta}_{(k+1)T_s} \approx \overline{ar}_{(k+1)T_s} - \overline{a}_{kT_s} \tag{7-49}$$

将控制策略转换到保护模式以后，在第 $(k+1)T_s$ 时间段，输入到控制器的跟踪信号可表示为

$$\hat{y}(t) = y^{\cdot}(t) - \hat{\eta}_{(k+1)T_s} \tag{7-50}$$

假定在某一时间段发生在检测通道的数据注入信号为

$$a_2(t) = \begin{cases} 10, t \in (6\,000, 14\,000) \\ 0, t \notin (6\,000, 14\,000) \end{cases} \tag{7-51}$$

被控参数的输出曲线如图 7-19 所示。

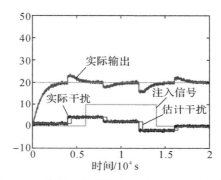

图 7-19　存在常数数据注入攻击下的系统输出

从图 7-19 可以看出，在数据注入信号为常数的情况下，切换的控制策略也能够满足控制系统的要求。在检测通道发生的数据注入攻击为常数的情况下，该控制系统在传感器输出端采用了定时采样（$T_s$）的方法获取跟踪控制器需要跟踪的输入数据，控制器在该段时间内通过对历史数据进行分析获得干扰信号的统计数据和攻击信号的周期信息。虽然存在一定的采样时间，但跟踪控制器采用了无限长时间的跟踪策略，所以该网络化控制系统的动力学特性可基于连续型系统控制理论进行分析。由于加入了积分控制环节，在保证控制系统稳定的情况下，在输出参数逐渐收敛的过程中，跟踪控制器的输出会随着 $T_s$ 的增加渐进地逼近输出参数，最终可使输出参数无静差地达到设定值。

假定在系统运行后的 6 000～14 000 s，在传感器输出通道发生了数据注入攻击行为，注入信号的表达式为

$$a_1(t) = \begin{cases} 10\sin\left(\dfrac{\pi}{200}t\right) + 20, t \in (6\,000, 14\,000) \\ 0, \qquad\qquad\quad t \notin (6\,000, 14\,000) \end{cases} \tag{7-52}$$

系统的响应曲线如图 7 - 20 所示。

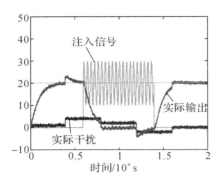

图 7 - 20　存在数据注入攻击下的系统输出

从图 7 - 20 可以看出,第 6 000 s 在传感器的输出端发生了数据注入行为。系统输出值偏离期望值并开始下降,然后在一个较低水平开始振荡。在 14 000 s 攻击消失后,被控参数又恢复到了期望水平。可见,在周期性数据注入攻击行为作用下,被控对象的实际输出没有稳定在设定值上。在检测到存在数据注入攻击行为后,控制器通过对象模拟器的输出值对输出干扰信号进行估计,将控制策略切换到安全模式,控制参数的输出曲线如图 7 - 21 所示。从该图可以看出,被控参数在系统出现异常后能够恢复到设定值附近,切换的控制策略能够满足控制系统的要求。

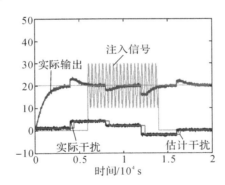

图 7 - 21　存在周期性数据注入攻击下的系统输出

## 7.5.2　基于 LQ 跟踪信号动态切换的安全控制策略

控制器接收到经 $T_s$ 离散化后的 $y^{'}(k)$ 已经包含了物理对象输出信息、输出干扰信息和数据注入信息,$y^{'}(k)$ 可表示为

$$y^{'}(k)=y(k)+\eta(k)+a(k) \tag{7-53}$$

为便于分析,可以将干扰信息 $\eta(k)$ 分为传感器检测误差 $C$ 和动态干扰 $c(k)$ 两部分,即

$$\eta(k)=C+c(k) \tag{7-54}$$

其中,传感器检测误差 $C$ 主要由传感器长期使用产生的系统误差所引起,动态干扰由系统运行环境的不确定因素引起。在短时间范围内可认为

$$C=常数, \quad E(c(k))=0 \tag{7-55}$$

鉴于检测误差 $C$ 对 $y(t)$ 引起的影响无法通过控制策略消除,攻击向量 $a(k)$ 存在随意和不可预测的特性,而本章的研究主要针对攻击向量进行补偿,故可将干扰向量 $\eta(k)$ 和 $a(k)$ 之和作为一个信号处理,统一定义为注入向量

$$s(k)=a(k)+C+c(k) \tag{7-56}$$

第 $k$ 次跟踪后得到的注入向量为

$$s(k)=y'(k)-\hat{y}(k) \tag{7-57}$$

为了补偿 $s(k)$ 对系统动态性能的影响,控制器可采用切换控制策略。切换依据为式(7-57)的计算值是否超过了设定门限 $d_0$。切换控制方式为

$$y_s(k)=\begin{cases} y'(k), & d(k) \leqslant d_0 \\ \hat{y}(k), & d(k) > d_0 \end{cases} \tag{7-58}$$

式中:$y_s(k)$ 为观测器和 LQ 跟踪器的输入信号。当攻击检测器检测到攻击门限 $d_0$ 时,对应的注入向量可表示为

$$s_0=y'(k)-\hat{y}(k) \tag{7-59}$$

或

$$s_0=a(k)+C+c(k) \tag{7-60}$$

当 $d(k) \leqslant d_0$ 时,系统将 $s(k)$ 作为干扰信息去处理,此时虽然 $a(k) \neq 0$ 也不进行切换处理,$a(k)$ 对系统的影响通过闭环控制算法进行了补偿。由式(7-56)可知,当传感器检测误差(数据注入攻击为常数)$C$ 大于 $s_0$ 时,即使 $a(k)=0$ 也有可能导致 $d(k)>d_0$ 的情况出现,此时系统将 $y_s(k)$ 切换为模拟器的输出 $\hat{y}(k)$,将干扰信号和攻击向量 $a(k)$ 均作为注入向量 $s$ 的一部分进行处理。此时 LQ 跟踪控制器的跟踪输入为

$$y_r(k)=\frac{1}{n}\sum_{i=0}^{n-1} y_s(k-i) \tag{7-61}$$

由于 $d_0$ 的大小直接影响 $y_s(k)$ 切换的频繁程度,故该值设定时需考虑系统正常运行条件下输出干扰的实际情况。若系统在正常运行条件下输出干扰的均值为

$$C_m=\frac{1}{n}\sum_{i=1}^{n} \eta(k-i), \quad m=1,2,\cdots,q \tag{7-62}$$

为了避免无攻击注入时频繁切换 $y_{s(k)}$,$d_0$ 的选择应满足

$$d_0 \geqslant \sqrt{\sum_{i=1}^{q} C_i^2} \tag{7-63}$$

假定系统运行 1 500 s 后,在传感器输出通道发生了数据注入攻击行为,非法注入信号的表达式为

$$a(t)=\begin{cases} 10\sin\left(\frac{\pi}{200}t\right)+20, & t \in (1\ 500, 2\ 500) \\ 0, & t \notin (1\ 500, 2\ 500) \end{cases} \tag{7-64}$$

被控参数的响应曲线如图 7 - 22 所示,从输出曲线可以看出,第 1 500 s 在传感器的输出端注入了正弦变化的非法数据,此时输出参数偏离稳定值并开始迅速下降。在 2 500 s 攻击消失后,被控参数逐渐向期望值恢复。采用 $y_s(k)$ 动态切换实现弹性控制时,设定 $d_0 =$ 0.5,被控物理参数的输出、包含攻击数据的检测信息及控制 $y_s$ 的切换信号如图 7 - 23 所示。

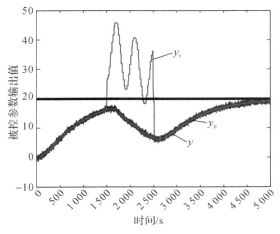

图 7 - 22　存在数据注入攻击下的系统输出

图 7 - 23 中 $y_c$ 为控制器通过网络接收到包含有攻击数据和干扰信息的检测数据,$y_p$ 为物理对象的被控参数输出值,Switch 为切换信号。可以看出,在系统没有受到攻击前,由于 $d(k)$ 的值有部分数据超过了门限 $d_0$,引起了跟踪输入 $y_s$ 的频繁切换。在系统受到攻击的 1 500~2 500 s,$y_s$ 完全切换为对象模拟器的输出值。图 7 - 24 分别给出了系统尚未稳定前 940~1 000 s 和攻击作用结束后 2 480~2 540 s $y_s$ 的切换过程、$y_s$ 及控制器接收到数据 $y_c$ 的值。

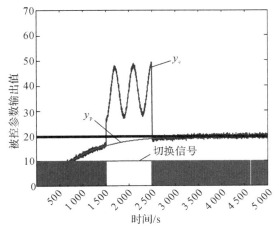

图 7 - 23　$y_s$ 动态切换下被控参数的输出

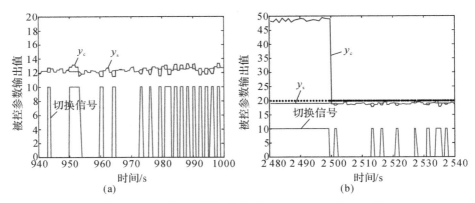

图 7-24  不同时间段切换信号 Switch 与 $y_s$ 的输出值

(a)系统未稳定前切换示意图;(b)攻击结束后切换示意图

假定传感器存在检测误差 $C=2$,即存在稳态输出干扰情况下,攻击方式仍为周期性正弦攻击,采用切换控制方式下物理对象的输出 $y_p$ 如图 7-25 所示,图 7-26 给出了不同时间段切换输出 $y_s$ 及控制器接收到数据 $y_c$ 的值。可以看出,在整个运行时间段,检测误差的存在使 $d(k)$ 的值均大于切换门限 $d_0$,使系统长期运行于保护模式。从控制的结果来看,虽然控制器接收到了偏离设定值且包含有攻击信息的 $y_c$,但物理对象的输出 $y_p$ 却可恢复到设定值。从而能够说明,这种基于输出跟踪的切换控制方式除了能够抵御数据注入攻击外,还具备消除传感器检测误差影响的能力。

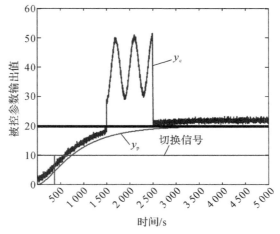

图 7-25  存在数据注入攻击和稳态干扰下的被控参数输出

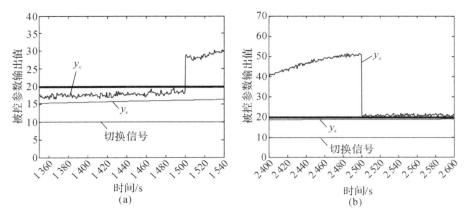

图 7-26　数据注入攻击和稳态干扰下不同时间段切换信号与 $y_s$ 的输出值

(a)系统未稳定前切换示意图；(b)攻击结束后切换示意图

# 7.6　本章小结

　　本章详细论述了网络化控制系统中存在的一般性攻击方法及对应的异常检测策略，重点对数据注入攻击相关内容做了描述。采用线性二次型跟踪方法构建了一种基于网络传输检测信息的控制系统，考虑到检测网络容易出现数据注入攻击行为的实际情况，给出了系统异常检测及恢复性控制策略。以液位控制系统为例，针对闭环控制系统中传感器输出通道存在数据注入攻击的特殊情况，基于 LQ 无限长时间跟踪控制策略，提出了一种完整的可抵御数据注入攻击的切换控制策略，详细论述了系统稳定需满足的充分和必要条件。与其他网络化控制系统不同，在系统受网络诱导延迟和数据包丢失影响可忽略的情况下，在控制器中加入了积分控制环节，可消除动态干扰平均值对系统动力学特性的影响。对于传感器输出通道发生数据注入行为的特殊情况，设计了一种基于 LQ 渐进跟踪的抵御数据注入行为的控制策略。该策略通过构造实际物理对象模拟器和估计干扰向量平均值的方法，可消除周期性数据注入行为影响，达到系统恢复控制的目的。

　　本章主要考虑了两种不同类型的数据注入攻击作用，通过仿真给出了网络化控制系统在正常状态和数据注入攻击作用下被控参数的输出特性。在系统输出干扰信号均值缓慢变化的情况下，采用建立对象模拟器和对非法数据注入信号进行估计的方法，可有效实现控制系统的恢复性控制。仿真结果表明，采用输出跟踪的 LQ 控制策略能够实现对被控参数的有效控制，具有一定的抗干扰和抵御数据注入攻击的能力。

# 第8章　无线多跳路由网络化控制系统的
# 异常检测及安全控制

　　无线多跳路由网络化控制系统是一种采用无线方式发送控制命令和检测信息的闭环控制系统。控制系统中物理对象、控制器、执行器及传感器之间的控制命令或检测信息需经过路由节点的多次中继和转发才能够到达目标节点[135-137]。基于无线多跳路由方式构建网络化控制系统，主要是因为控制器与物理对象、多个传感器、执行器之间存在较大空间距离，且这种距离是超过了两个通信节点数据传输能力的情况下构建的[138]。在这种控制系统中，路由节点间的数据传输模式及数据传输的可靠性对控制系统的结构、稳定性及动力学特性有重要影响。对于多跳路由网络化控制系统的研究，目前有基于单输入/单输出和多输入/多输出两种不同的物理对象，本章主要针对 MIMO 物理对象进行研究。

## 8.1　无线多跳路由网络化控制系统的
## 发展概况

　　对于 SISO 系统，文献[139]定位于路由节点在转发数据失败情况下容错控制问题研究，提出了存在失败通信链路（或节点）情况下的一种控制系统设计方法。文献[140]针对线性时不变 MIMO 系统进行了研究，基于传递函数的方法给出了 MIMO 多跳路由网络的数学模型及系统稳定的充要条件。文献[141]在考虑传输节点转发失败的情况下，提出了一种基于切换控制思想的弹性控制模型。

　　针对无线多跳路由型的网络化控制系统，目前主要研究内容集中在控制策略、系统的攻击检测和弹性控制几个方面。鉴于系统的控制策略依赖于被控物理对象的数学模型，且系统传输路径中的多跳路由方式存在不确定性，现仍缺乏有效的控制方式。对于一个多输入/多输出（MIMO）的物理对象来说，由于控制器与实际对象之间存在较大空间距离，在传输路径上添加路由节点会改变整个系统的数学模型。路由节点间数据传输策略的不同会影响到实际对象的稳定性与可观测性[142]。这种情况的存在对无线多跳路由型网络化控制系统控制策略的研究提出了新的挑战。无线多跳路由型网络化控制系统的攻击行为检测一般由异常检测系统确定整个系统是否发生了数据注入行为。路由节点的数据注入攻击行为指的是路由节点接收到的不是发送端发出的数据，而是发送端数据叠加了一个通过无线信道注入的非法攻击数据。这种攻击数据一般由攻击者（攻击节点）发出，其目的在于破坏控制系统的正常运行[143]。由于非法注入数据由攻击者蓄意产生，不具备一定的统计特性，不能把这些数据当作干扰信号去处理。针对无线多跳型网络化控制系统的节点数据注入攻击行为，目前尚未发现有效的检测方法。弹性稳定指的是控制器发现异常行为后，能够快速改变控制策略或切换路由路径以隔离被攻击节点，使系统被控参数在尽量短的时间内恢复到设定状态[144]。能否在控制网络和检测网络中找到适当的传输路径和数据转发策略，使形成的广义被控对象可稳定、能观测是科技工作者目前重要的研究内容之一。

本章重点阐述无线多跳型网络化控制系统中路由节点发生数据注入攻击情况下，系统的稳定性及恢复性控制策略。在保证广义被控对象可稳定且能观测的前提下，通过分析一定时间内的历史数据，采用数据统计和参数检验的方法来判断这些数据是否符合系统正常的运行规律，可进一步判断控制系统是否工作正常[145]。当发现控制系统中存在攻击行为时，给出的路径切换策略可隔离被攻击的路由节点，通过重新构建稳定的控制系统，可使被控参数再次恢复到设定状态。在构建一种多跳型网络化控制系统的基础上，本章给出了路由节点间的数据传输方式和保持系统稳定的条件。在考虑存在数据注入攻击行为的情况下，给出了一种基于拟合优度检验法的异常行为实时检测方法，并采用轮询切换路径的方法给出了实现控制系统弹性稳定的控制策略。

# 8.2　无线多跳路由网络化控制系统的构建

## 8.2.1　无线多跳路由网络化控制系统的结构及路由节点间数据传输模式

一个基于无线多跳路由的网络化控制系统可看作由一个 MIMO 物理对象、一个控制器、一个用于传输控制命令的控制网络和一个传输检测信息的检测网络构成。考虑到整个控制系统的安全性，需设计一个异常检测器。一个多跳路由的网络化控制系统结构如图 8-1 所示。

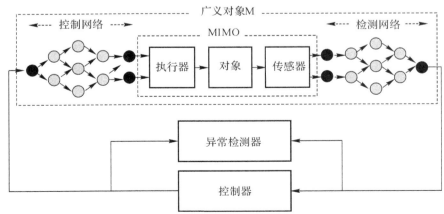

图 8-1　无线多跳路由网络化控制系统的结构

图 8-1 中,最左边和最右边的节点表示控制器上的数据发送和接收节点,通过这两个节点,控制器可直接输出数据到控制网络或从检测网络获取广义物理对象 M 的检测信息。中间的节点表示分布在控制和检测网络的路由节点,这些节点用于转发控制器发出的命令和传感器发出的检测信息。控制网络中直接与 MIMO 物理对象连接的节点为执行器上的数据接收节点,检测网络中的数据输入节点为传感器上的数据发送节点。MIMO 对象由多个执行器、物理被控对象和多个传感器所构成。由控制器发送节点发出的控制命令是一个 $p$ 维向量,这里用 $u_1 \sim u_p$ 这 $p$ 个信号表示。$u_1 \sim u_p$ 可以理解为图 8-1 中控制器上节点的状态信息。检测信息是由实际物理对象的传感器检测到的信息 $y_1 \sim y_q$,这些信息通过检测网络传输到控制器接收节点。对象输入节点的状态信息表示 MIMO 对象的 $p$ 维输入 $u_{p1} \sim u_{pp}$ 和 $q$ 维输出 $y_{p1} \sim y_{pq}$ 中的各个变量。$u_{p1} \sim u_{pp}$ 经过零点保持器产生离散变化的输出向量,该向量作用于物理对象并产生相应的输出。物理对象的输出值经采样后作为检测信息经检测网络传输给控制器。路由节点间的数据传输可采用 WirelessHART 或者 ISA-100 协议。在这两种传输协议中指出,不同节点间完成一次数据的传输是通过超级帧来实现的。发送端发送一个超级帧须经过多个时间槽来完成。在一个时间槽内,不同节点间的数据传输可采用频分复用的方式。对于控制网络来说,某一时刻控制器输出的 $p$ 个控制信号必须在一个时间槽内完成一次数据传输。换句话说,控制网络最少需要 $p$ 个不同频率的信道来同时传递这 $p$ 个控制信息。这 $p$ 个控制信号($u_1(k) \sim u_p(k)$)从控制器上的输出节点发出,直到实际 MIMO 对象的各个输入节点接收到一个真正的执行命令。在发送过程中这 $p$ 个不同的控制信息可采取不同的传输路径,每个路径通过不同的路由节点后到达物理对象的输入端。实际上,这 $p$ 个路径形成了一个控制通路来传输控制命令。同理,检测网络需 $q$ 个不同频率的信道来传输 $q$ 个检测信息,这 $q$ 个路径被定义成一条检测通路。为了简化设计,可认为一个时间槽内每个节点只进行一次数据的转发。由控制器发出的 $p$ 个控制信号分别经过 $d_1, d_2, \cdots, d_p$ 个时间槽后被传输到 MIMO 对象的 $p$ 个接收点。如果把时间槽的值设置为系统采样时间 $T$,即该 $p$ 个控制信息分别经过 $d_1, d_2, \cdots, d_p$ 个采样周期后到达实际对象的输入端[146]。对于网络中的每个路由节点来说,在某个通信频率下接收到某一帧数据时,可通过接收帧中的目的地址解析出该帧数据来自于哪个节点。当节点按照指定的路径发送数据时,会在数据帧中的目的地址项填入下一个路由节点的地址。控制器每次向控制网络发出 $p$ 个控制帧时,每个控制帧中实际上包含了须经过的路径信息及目的地址。对于路由节点来说,只有当接收到的目的地址与本地址相同时才处理该信息,否则丢弃该信息[147]。

## 8.2.2 无线多跳路由网络化控制系统的数学模型

图 8-1 中 MIMO 对象的离散数学模型可以描述为

$$
\left.
\begin{array}{l}
x_p(k+1) = \boldsymbol{A}_p x(k) + \boldsymbol{B}_p u_p(k) \\
y_p(k) = \boldsymbol{C}_p x_p(k)
\end{array}
\right\}
\tag{8-1}
$$

式中:$\boldsymbol{A}_p$ 为 $n \times n$ 维常系数矩阵;$\boldsymbol{B}_p$ 为 $n \times p$ 维常系数输入矩阵;$\boldsymbol{C}_p$ 为 $q \times n$ 维矩阵,假定该 MIMO 对象可稳定且能观测,这里将控制网络、MIMO 对象和检测网络看作一个由控制器控制的广义对象 M[148]。由于在设计控制器时必须考虑广义对象的可稳定性及可观测性,而控制网络和检测网络的引入,有可能使整个对象的可稳定性及可观测性发生变化。

假定控制系统的触发方式为传感器驱动,即在一个定时器(溢出时间为 $T$)溢出条件下,所有传感器同步向检测网络中的路由节点发送数据。检测网络中的路由节点将接收到的数据暂存于该节点,直到下一次接收到新数据时将该数据发送出去。实际上,控制通道的 $p$ 条路径分别经过 $D_i(i=1,2,\cdots,p)$ 个路由节点的转发后将 $p$ 个控制信号传输到 MIMO 对象,而网络中的路由节点每隔一个固定的时间 $T$ 转发一次数据。这里给每个转发数据的路由节点定义一个状态值,该状态值的描述如下:

$$x(k+1)=\omega u(k)+\delta x(k) \tag{8-2}$$

式中:$\omega$ 表示数据发送节点到该节点的传输系数,即路径传输系数;$u(k)$ 为该节点接收到某一节点发出信号值;$\delta$ 为该节点的节点系数。也就是说,控制器输出控制向量的各个变量元素 $u_1,u_2,\cdots,u_p$ 在控制网络中被各个路由节点转发过程中,须乘以相邻节点间的路径传输系数和节点的自身节点系数。因此,所有 $p$ 个控制信息将被传递给 MIMO 对象的接收节点。实际上,这 $p$ 个控制信息被各个节点数据转发时,节点将接收到的数据乘以一个发送节点到接收节点路径的权系数作为该节点的状态信息。$p$ 条路径中的第 $i$ 条路径上各个节点状态之间的关系描述为

$$x_1(k+1)=x_1(k)\omega_{11}+u_1(k) \tag{8-3}$$
$$x_2(k+1)=x_1(k)\omega_{12}+x_2(k)\omega_{22} \tag{8-4}$$
$$x_3(k+1)=x_2(k)\omega_{23}+x_{32}(k)\omega_{33} \tag{8-5}$$
$$\cdots\cdots$$
$$x_{di}(k+1)=x_{di-1}(k)\omega_{(di-1)di}+x_{di}(k)\omega_{didi} \tag{8-6}$$

将上述方程用矩阵形式表示,即控制网络中第 $i$ 条路径的离散对象特性描述为

$$\left.\begin{array}{l}\boldsymbol{X}_i(k+1)=\boldsymbol{A}_{1i}\boldsymbol{X}_i(k)+\boldsymbol{B}_{1i}\boldsymbol{u}_i(k)\\ \boldsymbol{y}_i(k)=\boldsymbol{C}_{1i}\boldsymbol{X}_i(k)\end{array}\right\} \tag{8-7}$$

式中,

$$\boldsymbol{A}_{1i}=\begin{pmatrix}\omega i_{11}\\\omega i_{12}&\omega i_{22}\\&\omega i_{23}&\omega i_{33}\\&&\cdots\\&&&\omega i_{(di-1)di}&\omega i_{didi}\end{pmatrix},\quad \boldsymbol{B}_{1i}=\begin{pmatrix}1\\0\\\cdots\\0\end{pmatrix},\quad \boldsymbol{CI}_i=(0,0,\cdots,1)$$

此处把矩阵 $\boldsymbol{A}_{1i}$ 定义为该条路径的系统矩阵,$\boldsymbol{B}_{1i}$ 和 $\boldsymbol{C}_{1i}$ 分别表示该条路径的输入和输出矩阵。$\boldsymbol{X}_{1i}$ 表示该条路径的状态向量,即

$$\boldsymbol{X}_{1i}(k)=\begin{pmatrix}x_{i1}(k)\\x_{i2}(k)\\\cdots\\x_{idi}(k)\end{pmatrix} \tag{8-8}$$

具有 $p$ 条路径控制网络的离散数学模型可描述为

$$\begin{pmatrix}\boldsymbol{X}_{11}(k+1)\\\boldsymbol{X}_{12}(k+1)\\\vdots\\X_{1p}(k+1)\end{pmatrix}=\begin{pmatrix}\boldsymbol{A}_{11}\\&\boldsymbol{A}_{12}\\&&\ddots\\&&&\boldsymbol{A}_{1p}\end{pmatrix}\begin{pmatrix}\boldsymbol{X}_{11}(k)\\\boldsymbol{X}_{12}(k)\\\vdots\\\boldsymbol{X}_{1p}(k)\end{pmatrix}+\begin{pmatrix}\boldsymbol{B}_{I1}\boldsymbol{u}_1(k)\\\boldsymbol{B}_{12}\boldsymbol{u}_2(k)\\\vdots\\\boldsymbol{B}_{1p}\boldsymbol{u}_p(k)\end{pmatrix}$$

$$u_p(k) = C_1 X_I(k) \tag{8-9}$$

将控制网络中的系统矩阵定义为 $\boldsymbol{A}_I$，即

$$\boldsymbol{A}_I = \begin{bmatrix} \boldsymbol{A}_{I1} & & & \\ & \boldsymbol{A}_{I2} & & \\ & & \ddots & \\ & & & \boldsymbol{A}_{Ip} \end{bmatrix} \tag{8-10}$$

控制网络中的输入与输出矩阵分别表示为

$$\boldsymbol{B}_I = \begin{bmatrix} \boldsymbol{B}_{I_1} & & & \\ & \boldsymbol{B}_{I_2} & & \\ & & \ddots & \\ & & & \boldsymbol{B}_{Ip} \end{bmatrix}_{dI*p} \tag{8-11}$$

$$\boldsymbol{C}_I = \begin{bmatrix} \boldsymbol{C}_{I1} & & & \\ & \boldsymbol{C}_{I2} & & \\ & & \ddots & \\ & & & \boldsymbol{C}_{Ip} \end{bmatrix} \tag{8-12}$$

控制网络的数学模型可以简化描述为

$$\left. \begin{aligned} \boldsymbol{X}_I(k+1) &= \boldsymbol{A}_I * \boldsymbol{X}_I(k) + \boldsymbol{B}_I * \boldsymbol{u}(k) \\ \boldsymbol{u}_p(k) &= \boldsymbol{C}_I \boldsymbol{X}_I(k) \end{aligned} \right\} \tag{8-13}$$

同理，具有 $q$ 条路径的检测网络的数学模型可表示为

$$\begin{bmatrix} X_{O1}(k+1) \\ X_{O2}(k+1) \\ \vdots \\ X_{Oq}(k+1) \end{bmatrix} = \begin{bmatrix} A_{O1} & & & \\ & A_{O2} & & \\ & & \ddots & \\ & & & A_{Oq} \end{bmatrix} \begin{bmatrix} X_{O1}(k) \\ X_{O2}(k) \\ \vdots \\ X_{Oq}(k) \end{bmatrix} + \begin{bmatrix} B_{O1} u_1(k) \\ B_{O2} u_2(k) \\ \vdots \\ B_{Oq} uq(k) \end{bmatrix} \tag{8-14}$$

检测网络的模型简化描述为

$$\left. \begin{aligned} \boldsymbol{X}_O(k+1) &= \boldsymbol{A}_O * \boldsymbol{X}_O(k) + \boldsymbol{B}_O * \boldsymbol{u}(k) \\ \boldsymbol{Y}_p(k) &= \boldsymbol{C}_O * \boldsymbol{X}_O(k) \end{aligned} \right\} \tag{8-15}$$

综合控制网络、实际 MIMO 对象及检测网络，可以得到广义对象的数学模型如下：

$$\begin{bmatrix} \boldsymbol{X}_I(k+1) \\ \boldsymbol{X}_p(k+1) \\ \boldsymbol{X}_O(k+1) \end{bmatrix} = \begin{bmatrix} \boldsymbol{A}_I & \boldsymbol{O} & \boldsymbol{O} \\ \boldsymbol{B}_p & \boldsymbol{C}_1 & \boldsymbol{A}_p \\ \boldsymbol{O} & \boldsymbol{B}_O \boldsymbol{C}_p & \boldsymbol{A}_O \end{bmatrix} \begin{bmatrix} \boldsymbol{X}_I(k) \\ \boldsymbol{X}_p(k) \\ \boldsymbol{X}_O(k) \end{bmatrix} + \begin{bmatrix} \boldsymbol{B}_I \\ \boldsymbol{O} \\ \boldsymbol{O} \end{bmatrix} \boldsymbol{u}_R(k) \tag{8-16}$$

$$\boldsymbol{y}(k) = \begin{bmatrix} \boldsymbol{O} & \boldsymbol{O} & \boldsymbol{C}_O \end{bmatrix} \begin{bmatrix} \boldsymbol{X}_I(k) \\ \boldsymbol{X}_p(k) \\ \boldsymbol{X}_O(k) \end{bmatrix} \tag{8-17}$$

对于该系统的可稳定性及可观测性，有以下结论。

**定理 8-1** 对于广义控制系统式(8-16)，在实际物理对象可稳定且能观测条件下，对

于包含控制网络和观测网络的广义对象,在控制网络和检测网络中总能找到一组适当的节点系数和路径传输系数使该广义对象可稳定并可观测。

证明:根据 PBH 判定规则[149-150],系统式(8-16)、式(8-17)完全能控的充分必要条件为

$$\text{rank}[\lambda_i \boldsymbol{I} - \boldsymbol{A}, \boldsymbol{B}] = n \tag{8-18}$$

此处

$$\boldsymbol{A} = \begin{bmatrix} \boldsymbol{A}_1 & \boldsymbol{O} & \boldsymbol{O} \\ \boldsymbol{B}_p & \boldsymbol{C}_1 & \boldsymbol{A}_p \\ \boldsymbol{O} & \boldsymbol{B}_O \boldsymbol{C}_p & \boldsymbol{A}_O \end{bmatrix} \tag{8-19}$$

$$\boldsymbol{B} = \begin{bmatrix} \boldsymbol{B}_I \\ \boldsymbol{O} \\ \boldsymbol{O} \end{bmatrix} \tag{8-20}$$

假定 $\lambda_i$ 为系统矩阵 $\boldsymbol{A}$ 的任意一个特征值,令

$$\boldsymbol{L} = [\lambda_i - \boldsymbol{A}, \boldsymbol{B}] = \begin{bmatrix} \lambda_i - \boldsymbol{A}_1 & \boldsymbol{O} & \boldsymbol{O} & \boldsymbol{B}_I \\ \boldsymbol{B}_p \boldsymbol{C}_1 & \lambda_i - \boldsymbol{A}_p & \boldsymbol{O} & \boldsymbol{O} \\ \boldsymbol{O} & \boldsymbol{B}_O \boldsymbol{C}_p & \lambda_i - \boldsymbol{A}_O & \boldsymbol{O} \end{bmatrix} \tag{8-21}$$

由 $\boldsymbol{A}_1$、$\boldsymbol{A}_p$、$\boldsymbol{A}_O$ 的定义可知,$\boldsymbol{A}_1$、$\boldsymbol{A}_O$ 的对角线取值 $\omega_{A11}$,$\omega_{A22}$,$\omega_{A33}$,$\cdots$,$\omega_{C33}$ 和物理对象 $\boldsymbol{A}_p$ 的特征值均为 $\boldsymbol{A}$ 的特征值。对于任一矩阵

$$A_{1i}(i=0,1,2,\cdots,p), \quad A_{Oi}(i=0\sim,1,2,\cdots,q)$$

$$\omega_{1i_{mn}}(m \neq n) \neq 0, \quad \omega_{Oi_{mn}}(m \neq n) \neq 0$$

把这些相应矩阵分解开,只要设置非对角元素(边系数)的 $\omega_{1ij}(i \neq j)$,$\omega_{oij}(i \neq j)$ 不为 0,和不为零的对角元素(节点系数),在 MIMO 对象能控条件下($\text{rank}[A_{p\lambda}, B_p]$)可使 $\lambda$ 取任意特征值时矩阵

$$\boldsymbol{T}_1 = [\lambda_i \boldsymbol{I} - \boldsymbol{A} \quad \boldsymbol{B}] \tag{8-22}$$

行满秩。同理,选择不同的 $\omega_{1ij}(i \neq j)$,$\omega_{Oij}(i \neq j)$ 和适当不为零的对角元素(节点系数),在 MIMO 对象能观测条件下($\text{rank}[A_{p\lambda}, C_p]^T$)可使 $\lambda$ 取不同特征值时矩阵

$$\boldsymbol{T}_2 = [\lambda_i \boldsymbol{I} - \boldsymbol{A} \quad \boldsymbol{C}]^T \tag{8-23}$$

列满秩。因此系统式(8-16)、式(8-17)是可控制和可观测的,证毕。

# 8.3　无线多跳路由网络化控制系统的控制方法

控制系统的设计是建立在控制和检测网络形成广义对象基础上实现的,即将被控对象看作是一个 $p$ 维输入和 $q$ 维输出的广义对象($A$,$B$,$C$)。采用线性二次型最优控制(LQ)可最大限度地降低整个系统的输出误差及能量消耗指标[151]。

假定实际 MIMO 物理对象的被控参数要求被控制在恒定条件下。控制器由一个状态

观测器和一个负反馈环节 $F$ 构成。一个基于 LQ 最优的控制系统结构如图 8−2 所示[152]。该系统本质上是一个离散控制系统,其触发控制方式从传感器的数据发送端开始。假定每隔一个给定的时间间隔 $T_s$,传感器完成一次数据采样、量化过程并将采样数据发送给检测网络中的路由节点。检测网络中的节点接收到数据后立即依照数据帧中的目的地址进行数据的转发。图 8−3 给出了控制系统中某一传感器定时驱动下的数据传输方式,表 8−1 给出了各个时间段的相关解释。

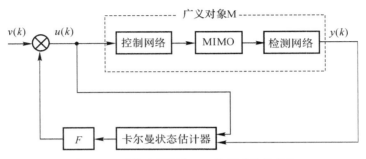

图 8−2  无线多跳网络 LQ 控制系统的结构

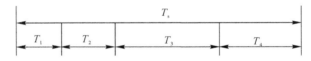

图 8−3  控制系统在传感器定时驱动下的触发方式

### 表 8−1  $T_s$ 中各时间段的解释

| 标识符 | 名 称 | 含 义 |
|---|---|---|
| $T_s$ | 系统采样时间 | 传感器传输检测数据周期 |
| $T_1$ | 保持数据时间 | 检测数据采样后保持不变化 |
| $T_2$ | 量化时间 | 模拟量数字化时间 |
| $T_3$ | 数据发送时间 | 传感器将数据发送给某一路由节点 |
| $T_4$ | 等待时间 | 等待下一周期 |

　　系统中 $q$ 个传感器按照图 8−3 所示的方式发送检测数据时,为了在 $T_s$ 时间内一次性将所有检测数据发送给路由节点,须解决所有传感器的同步问题,即需要保证在 $T_s$ 时间范围内所有传感器的检测数据均能到达指定的路由节点。为了从离散控制模型角度去设计控制器,在控制器和状态观测器接收到 $q$ 个检测数据后,需在 $T_s$ 时间范围内,完成系统的状态估计和控制算法的执行。控制器基于该状态估计值和控制算法产生一个控制向量并将该向量发送到控制网络。

　　假定控制系统的状态干扰和输出干扰均服从正态分布的情况下,采用卡尔曼滤波器可获得系统的状态估计[153-156]。状态估计的迭代方法如下:

（1）任意给定状态初值向量的估计值 $\hat{x}_{k-1}$ 和误差协方差矩阵 $P_{k-1}(P_{k-1}\neq 0)$，计算出先验状态估计向量（一步最优估计，即基于 $k-1$ 时刻的估计量）

$$\hat{x}_k^- = A\hat{x}_{k-1} + Bu_{k-1} \tag{8-24}$$

（2）计算先验误差协方差矩阵

$$P_k^- = AP_{k-1}A^\top + Q \tag{8-25}$$

式中：$Q$ 为控制通道干扰向量的协方差矩阵。

（3）计算卡尔曼增益矩阵

$$K_k = P_k^- C^\top (CP_k^- C^\top + R)^{-1} \tag{8-26}$$

式中：$C$ 为观测矩阵；$R$ 为量测噪声向量的协方差矩阵。

（4）计算状态向量的估计值

$$\hat{x}_k = \hat{x}_k^- + K_k(y_k - C\hat{x}_k^-) \tag{8-27}$$

式中：$y_k$ 为观测向量；$\hat{x}_k$ 为系统状态的最小方差估计。

（5）更新误差协方差矩阵，为下一步迭代做准备

$$P_k = (I - K_k C)P_k^- \tag{8-28}$$

选取 LQ 控制的最优性能指标[157-158]如下：

$$J_d = \sum_{k=0}^{\infty} \left[ (x(k)^\top)Q(x(k)^\top)^\top + u(k)^\top Ru(k) \right] \tag{8-29}$$

式中：$Q$ 为 $n\times n$ 半正定常数矩阵；$R$ 为 $m\times m$ 正定常数矩阵。在系统为定常线性离散系统条件下，使该目标函数取最小值的最优控制为

$$u^*(k) = v - \hat{F}x(k) \tag{8-30}$$

式中

$$F = \tilde{R}^{-1}B^\top PA \tag{8-31}$$

$$\tilde{R}^{-1} = R + B^\top PB \tag{8-32}$$

其中：$P$ 为以下黎卡提方程的对称正定解[159]，即

$$P = Q + A^\top PA - A^\top PB(R + B^\top PB)^{-1}B^\top PA \tag{8-33}$$

系统正常运行时 $v$ 设定为 $p$ 维常数向量，该向量的选取应与实际物理对象的被控参数 $y_p$ 相对应。$v$ 的设定分为以下 4 步来进行：

（1）基于理想的 $y_p(\infty)$ 获取一个较为理想的 $u(\infty)$，二者关系为

$$y_p(\infty) = \bar{C}(I - \bar{A})^{-1}\bar{B}u(\infty) \tag{8-34}$$

式中

$$\bar{A} = \begin{bmatrix} A_I & O_{dI*n} \\ B_p C_I & A_p \end{bmatrix}, \quad \bar{B} = \begin{bmatrix} B_I \\ O_{n*p} \end{bmatrix}, \quad \bar{C} = \begin{bmatrix} O_{q*dI} & C_p \end{bmatrix}$$

（2）基于该 $u(\infty)$ 获取对应的 $x(\infty)$，即

$$x(\infty) = (I - A)^{-1}Bu(\infty) \tag{8-35}$$

（3）计算状态反馈信号

$$w(\infty) = Fx(\infty) \tag{8-36}$$

（4）计算系统设定输入向量 $v(\infty)$

$$v(\infty) = w(\infty) + u(\infty) \tag{8-37}$$

# 8.4 多跳路由网络化控制系统的数据注入攻击及异常检测

当控制系统正常运行时,非法的数据注入攻击行为可来自于控制网络和检测网络。注入数据与干扰数据的不同在于注入信号由蓄意攻击者发出,可以是任意形式的时间函数或具有一定统计特性的随机信号。干扰信号可认为是服从正态分布规律的随机信号,且控制系统的干扰信号只包含实际对象的状态干扰和输出干扰两部分。在存在数据注入和干扰信号的条件下,整个网络控制系统的模型如图 8-4 所示。

系统中的 $f_I(k)$ 和 $f_O(k)$ 分别代表针对控制网络和检测网络的数据注入向量,$\boldsymbol{\eta}(k)$ 和 $\boldsymbol{\zeta}(k)$ 分别表示实际对象的状态干扰向量和输出干扰向量。$\boldsymbol{y}_1(k)$,$\boldsymbol{y}_p(k)$ 和 $\boldsymbol{y}_2(k)$ 表示控制网络、MIMO 对象和检测网络的输出向量。

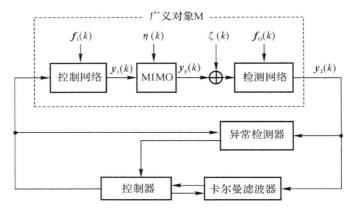

图 8-4 包含异常行为检测的多跳网络控制系统

广义对象 M 的系统方程描述为

$$\begin{bmatrix} \boldsymbol{X}_I(k+1) \\ \boldsymbol{X}_p(k+1) \\ \boldsymbol{X}_O(k+1) \end{bmatrix} = \begin{bmatrix} \boldsymbol{A}_I & \boldsymbol{O} & \boldsymbol{O} \\ \boldsymbol{B}_p \boldsymbol{C}_I & \boldsymbol{A}_p & \boldsymbol{O} \\ \boldsymbol{O} & \boldsymbol{B}_O \boldsymbol{C}_p & \boldsymbol{A}_O \end{bmatrix} \begin{bmatrix} \boldsymbol{X}_I(k) \\ \boldsymbol{X}_p(k) \\ \boldsymbol{X}_O(k) \end{bmatrix} + \begin{bmatrix} \boldsymbol{B}_I \\ \boldsymbol{O} \\ \boldsymbol{O} \end{bmatrix} \boldsymbol{u}_1(k) + \begin{bmatrix} \boldsymbol{f}_I(k) \\ \boldsymbol{\eta}(k) \\ \boldsymbol{f}_O(k) + \boldsymbol{B}_O \boldsymbol{\xi}(k) \end{bmatrix}$$

$$(8-38)$$

$$\boldsymbol{y}_2(k) = \begin{bmatrix} \boldsymbol{O}_{q*d1} & \boldsymbol{O} & \boldsymbol{C}_O \end{bmatrix} \begin{bmatrix} \boldsymbol{X}_I(k) \\ \boldsymbol{X}_p(k) \\ \boldsymbol{X}_O(k) \end{bmatrix} \qquad (8-39)$$

用 $\boldsymbol{q}(k)$ 表示外部的注入向量,即

$$\boldsymbol{q}(k) = \begin{bmatrix} \boldsymbol{f}_I(k) \\ \boldsymbol{\eta}(k) \\ \boldsymbol{f}_O(k) + \boldsymbol{B}_O \boldsymbol{\xi}(k) \end{bmatrix} \qquad (8-40)$$

　　该向量实际上给出了数据注入信号和实际对象干扰信号的共同作用向量。在没有数据注入的情况下,该向量表示为

$$q_0(k) = \begin{bmatrix} \mathbf{0} \\ \boldsymbol{\eta}(k) \\ \mathbf{B}_0\boldsymbol{\xi}(k) \end{bmatrix} \tag{8-41}$$

　　如果 $\boldsymbol{\eta}(k)$ 和 $\boldsymbol{\zeta}(k)$ 是两个服从均值均为 0 的正态分布的随机向量。$\boldsymbol{\eta}(k)$ 的协方差矩阵为 $\mathbf{Q}_p$,$\boldsymbol{\zeta}(k)$ 的协方差矩阵为 $\mathbf{R}_p$,即

$$\mathbf{Q}_p = \mathrm{dig}(\sigma_1^2, \sigma_2^2, \sigma_3^2, \cdots, \sigma_n^2) \tag{8-42}$$

$$\mathbf{R}_p = \mathrm{dig}(\zeta_1^2, \zeta_2^2, \zeta_3^2, \cdots, \zeta_q^2) \tag{8-43}$$

因此,$q_0(k)$ 服从协方差阵为 $\mathbf{Q}$ 的正态分布。即

$$\mathbf{Q} = \mathrm{dig}(0, 0, \cdots, 0, \sigma_1^2, \sigma_2^2, \cdots, \sigma_n^2, \xi_1^2, 0, \cdots, 0\xi_2^2, \cdots, \xi_q^2, 0, \cdots, 0) \tag{8-44}$$

　　正常情况下,整个网络控制系统可认为只存在维数为 $n_p$ 的状态干扰向量,输出干扰协方差表示为

$$\mathbf{R} = \mathrm{dig}(0, 0, \cdots, 0, 0) \tag{8-45}$$

　　定义残差向量如下:

$$\boldsymbol{\gamma}(k) = \mathbf{y}_k - \mathbf{C}(\mathbf{A}\hat{\mathbf{x}}_{k-1} + \mathbf{B}\mathbf{u}_{k-1}) = \mathbf{y}_k - \mathbf{C}\mathbf{x}_k \tag{8-46}$$

该残差向量服从均值为 0 和协方差矩阵为

$$\boldsymbol{\psi} = \mathbf{C}\mathbf{P}\mathbf{C}^{\mathrm{T}} \tag{8-47}$$

的正态分布。其中

$$\mathbf{P} = \lim_{k \to \infty} \mathbf{P}_{k|k-1} \tag{8-48}$$

　　系统稳定后的卡尔曼增益为[160]

$$\mathbf{K} = \mathbf{P}\mathbf{C}^{\mathrm{T}}(\mathbf{C}\mathbf{P}\mathbf{C}^{\mathrm{T}})^{-1} \tag{8-49}$$

　　令

$$z(k) = \boldsymbol{\gamma}(k)^{\mathrm{T}}\boldsymbol{\psi}^{-1}\boldsymbol{\gamma}(k) \tag{8-50}$$

可知 $z(k)$ 服从自由度为 $q$ 的卡方分布[161]。简化表示为

$$z(k) = \boldsymbol{\gamma}(k)^{\mathrm{T}}(\mathbf{C}\mathbf{P}\mathbf{C}^{\mathrm{T}})^{-1}\boldsymbol{\gamma}(k) = \boldsymbol{\gamma}(k)^{\mathrm{T}} - \mathbf{S}\boldsymbol{\gamma}(k) \tag{8-51}$$

　　控制系统工作是否正常,可通过该统计量是否服从卡方分布来判定。在一定时间范围内,通过记录一定数量的控制器输出和先验状态估计值,可计算出一定数量的残差信号。通过一定数量的 $z(k)$ 可以获得 Pearson 统计量[162]。Pearson 统计量描述为

$$\chi^2 = \sum_{i=1}^{r} \frac{(n_i - np_i)^2}{np_i} \tag{8-52}$$

　　实际应用中需通过该统计量来判断随机变量 $z(k)$ 是否服从卡方分布。可将获得的 $z(k)$ 划分为 $r$ 个部分来分析,这 $r$ 个部分分别用 $A_1, A_2, \cdots, A_r$ 来表述。正常情况下,每部分的理论概率为已知,即出现的频数是固定不变的。假设在一段时间内(用 $T_f$ 表示)一共做 $n$ 次采样,变量 $z(k)$ 分别落入 $A_1, A_2, \cdots, A_r$ 各个区域的次数表示为 $n_i(i=1,2,\cdots,r)$。有

$$n = n_1 + n_2 + \cdots + n_r \tag{8-53}$$

当样本容量足够大时,在系统正常运行情况下,该 Pearson 统计量服从自由度为 $r-1$ 的卡方分布[163],即

$$\chi^2 \sim \chi^2(r-1) \qquad (8-54)$$

当路由节点有数据注入行为时($f_i \neq 0$ 或 $f_o \neq 0$),由于注入数据存在随意性,Pearson 统计量不再服从卡方分布。通过拟合优度检验法可以检验系统是否发生了数据注入行为。选定一个显著性水平 $\alpha$,作如下假设:

$$H_0: p(A_i) = p_i, \quad i = 1, 2, \cdots, r \qquad (8-55)$$

$$\sum_{i=1}^{r} p(A_i) = 1 \qquad (8-56)$$

该假设成立表示系统运行正常,否则表示存在数据注入攻击行为。对应的拒绝域为

$$W = \{\chi^2 \geqslant c\} \qquad (8-57)$$

式中:$c$ 由显著性水平 $\alpha$ 决定,即

$$c = \chi_\alpha^2(r-1) \qquad (8-58)$$

# 8.5   数据注入攻击下的弹性控制策略

多跳路由网络化控制系统实现弹性控制的目的在于,发生非法数据注入作用时控制器仍然能够使被控参数恢复到理想状态。当数据注入行为发生作用时,采用卡尔曼滤波器不能获取系统正确的状态信息,控制器的正常控制策略不能满足控制需求,此时必须寻找新的控制策略来控制广义被控对象 M。由于节点的注入向量 $f_1(k)$ 和 $f_o(k)$ 具有不可预测的特性,所以对控制系统来说,这两个向量只能被认为是叠加的输入向量。为了消除注入向量的影响,最好的方法是能够确定在哪个路由节点上注入了攻击数据,即攻击者从哪个节点输入了攻击数据。在此基础上,控制器可通过重新规划控制网络和检测网络的路由路径以避开受攻击的节点。但是,确定哪个节点发生了数据注入行为是一个非常难以解决的问题,主要是因为对于一个多输入-多输出的实际物理对象来说,输入向量与输出向量之间往往存在耦合作用。另外,从传输路径上来看,和某一路由节点发生数据注入行为后,对于那些从该节点接收数据的节点来说,接收到数据的正确性都将会受到影响。实际上,对于已经发生数据注入行为的节点,其注入的数据可能来自于前方节点,而不一定是在本节点发生了恶意入侵行为。因此,很难通过数学求解的方法来获得向量 $f_1(k)$ 和 $f_o(k)$ 的数学描述。

为了保证控制系统在路由节点发生数据注入行为时仍然可控,在实时条件允许的情况下,可在控制网络和检测网络中设定一定数量的备选路径,用于在发现数据注入攻击情况下进行切换,从而最大可能地避开被攻击路由节点。应用中可采取轮询测试备选路径的方法,即在一定时间范围内从控制网络和检测网络中尽最大可能找出不包含受攻击节点的可靠路径来传递控制和检测数据,同时保持广义对象的可稳定性及可观测性。由于在所有备选路径中找到可靠的控制通路和检测通路并验证其可行性需要一定时间(弹性稳定时间),必须考虑该时间与被控物理对象最长允许失控时间的关系。要求控制器在最长允许失控时间内必须找到一条可靠的控制通路和检测通路。这就对控制网络和检测网络中的最大路由

节点数量提出了要求,即节点数越多可选择的备选通路就越多,控制器轮询完所有的备选通路所需时间就越长。在实际应用中应综合考虑路由节点被攻击的可能性与路由节点数量之间的相互制约关系。可以选择部分可靠性最高的控制通路与检测通路作为备选通路,以减少轮询所花费的时间。备选通路应从可行的备选路径中选择,图 8-5 给出了备选通路需经过的三个步骤,三个步骤描述如下。

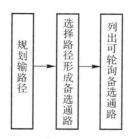

图 8-5　备选通路选择方法

### 1. 规划传输路径

控制命令和检测信息通过控制网络和检测网络传输过程中,信息途经的路由节点数量越多,可用的传输路径也越多。在路由节点数确定的情况下,有效传输路径的数量以节点组合方式使得可选路径的数量呈现爆炸式增长。在这种情况下,须确定一定数量的传输路径来传输控制命令和检测信息。

### 2. 从规划好的传输路径中选择部分通路作为备选通路

在某条传输路径确定的情况下,传输控制命令的 $p$ 条通路和传输检测信息的 $q$ 条通路也有所不同。从选定的传输路径中确定出一定数量的最佳传输通路作为控制系统的备选通路,有利于路由节点在遭受攻击下控制命令和检测信息的持续、有效传输。在某节点遭受攻击的情况下,通过多个备选路径和备选通路的切换可使遭受攻击的节点退出控制和检测网络,从而维持控制系统的稳定性和动态特性不变化。

### 3. 分别规划好所有备选通路的节点系数和路径传输系数

在所有备选路径和备选通路确定的情况下,每条通路的路径传输系数和每个路由节点的节点系数均需确定,以保证形成不同广义对象的可稳定性和可观测性。控制器在通过路径切换构建新的控制策略时,由于路径传输系数和节点系数发生变化,广义对象的数学模型也对应发生了变化。

如果控制器在最长允许失控时间内仍未找到一条可靠通路,可采用开环控制的方法避开注入数据的影响。控制器可通过向路由节点发送特殊指令将实际物理对象切换为开环控制状态,即保持物理对象的实际输入向量为常数向量。系统开环控制运行一段时间后再重新测试剩余备选通道,直到找到一条可靠的控制和检测通道。控制器重新规划控制通路和弹性控制策略如下:

(1)设置好控制网络和检测网络中一定数量的被选通路,确定使不同的广义对象稳定地观测各自节点权系数及路径系数,确定系统的最长允许失控时间($T_s$)。

(2)检测到异常后,控制器从被选控制通路和检测通路中选取一个备选通路作为控制网络和检测网络,在确定好节点权系数及边系数条件下,系统投入运行。备选通路的设置从广义对象的最左端第一个区域开始逐次替换掉可能受影响节点。

(3)切换通路后经过一定时间($T_d$)后查看异常检测系统是否报警,若报警则继续切换通路,直到控制器找到一条可靠通路使报警消失。

(4)如果在被控物理对象的最长允许失控时间($T_s$)内仍未找到一条可靠通路,控制器应通过发送特殊指令,使物理对象进入开环控制状态。开环控制后等待一段时间($T_o$)被控参数的均值可恢复到设定状态。

(5)等待 $T_o$ 后回到第(3)步,继续寻找可靠通路。如果在所有备选通路中仍未能找到一条可靠通路使系统稳定,表明系统遭受的攻击行为超过了容许程度,该方法失效,应寻找其他安全控制策略。

# 8.6 系统仿真及结果分析

## 8.6.1 控制系统的结构及数学模型

以一个流量混合区的控制为例,3 个控制阀用于控制混合区的 3 个输出流量。该对象的实际模型如图 8-6 所示。选取采样时间为 1 s,其线性离散型系统描述为

$$\left. \begin{array}{l} \boldsymbol{x}_p(k+1)=\boldsymbol{A}_p x(k)+\boldsymbol{B}_p u_p(k)+\boldsymbol{\eta}(k) \\ \boldsymbol{y}_p(k)=\boldsymbol{C}_p \boldsymbol{x}_p(k)+\boldsymbol{\xi}(k) \end{array} \right\} \tag{8-59}$$

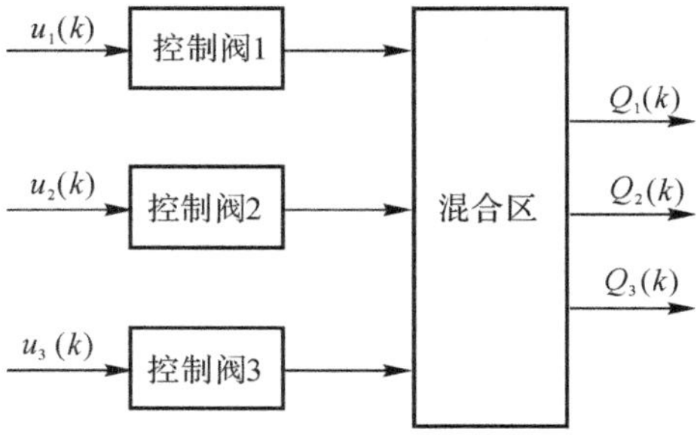

图 8-6 实际的 MIMO 控制对象

式中

$$\boldsymbol{A}_p=\begin{bmatrix} -\dfrac{1}{20} & 0 & 0 \\ 0 & -\dfrac{1}{15} & 0 \\ 0 & 0 & -\dfrac{1}{10} \end{bmatrix}, \quad \boldsymbol{B}_p=\begin{bmatrix} \dfrac{1}{2} & 0 & 0 \\ 0 & \dfrac{2}{5} & 0 \\ 0 & 0 & \dfrac{2}{5} \end{bmatrix}, \quad \boldsymbol{C}_p=\begin{bmatrix} 0.5 & 0.4 & 0.3 \\ 0.3 & 0.2 & 0.1 \\ 0.2 & 0.4 & 0.6 \end{bmatrix}$$

设置控制网络和检测网络各有 3 个转发区域,每个区域有 3 个路由节点可进行数据转发。按照给出的定理,在系统正常运行情况下,设置每条路径中任意两个相邻节点的边系数为 1,控制通路的节点系数如下:

$$\boldsymbol{\omega}_1 = [0.69 \quad 0.77 \quad 0.75 \quad 0.32 \quad 0.51 \quad 0.77 \quad 0.57 \quad 0.95 \quad 0.17]$$

检测通路的节点权系数为

$$\boldsymbol{\omega}_2 = [0.91 \quad 0.75 \quad 0.29 \quad 0.63 \quad 0.46 \quad 0.13 \quad 0.55 \quad 0.97 \quad 0.44]$$

控制通路中 3 条路径对应的传输矩阵、输入及输出矩阵的具体描述为

$$\boldsymbol{A}_{I1} = \begin{bmatrix} 0.69 & 0 & 0 \\ 1 & 0.77 & 0 \\ 0 & 1 & 0.75 \end{bmatrix}, \quad \boldsymbol{A}_{I2} = \begin{bmatrix} 0.32 & 0 & 0 \\ 1 & 0.51 & 0 \\ 0 & 1 & 0.77 \end{bmatrix},$$

$$\boldsymbol{A}_{I3} = \begin{bmatrix} 0.57 & 0 & 0 \\ 1 & 0.95 & 0 \\ 0 & 1 & 0.17 \end{bmatrix}, \boldsymbol{B}_{I1,2,3} = \begin{bmatrix} 1 \\ 0 \\ 0 \end{bmatrix}, \boldsymbol{C}_{I1,2,3} = \begin{bmatrix} 0 & 0 & 1 \end{bmatrix}$$

同理,检测通路中 3 条路径对应的系数矩阵、输入及输出矩阵为

$$\boldsymbol{A}_{O1} = \begin{bmatrix} 0.91 & 0 & 0 \\ 1 & 0.75 & 0 \\ 0 & 1 & 0.29 \end{bmatrix}, \quad \boldsymbol{A}_{O2} = \begin{bmatrix} 0.63 & 0 & 0 \\ 1 & 0.46 & 0 \\ 0 & 1 & 0.13 \end{bmatrix}, \quad \boldsymbol{A}_{O3} = \begin{bmatrix} 0.55 \\ 1 \\ 0 \end{bmatrix}$$

$$\boldsymbol{B}_{O1,2,3} = \begin{bmatrix} 1 \\ 0 \\ 0 \end{bmatrix}, \quad \boldsymbol{C}_{O1,2,3} = \begin{bmatrix} 0 & 0 & 1 \end{bmatrix}$$

广义数学模型可以表述为

$$\boldsymbol{A} = \begin{bmatrix} \boldsymbol{A}_C & \boldsymbol{O} & \boldsymbol{O} \\ \boldsymbol{B}_p \boldsymbol{C}_c, & \boldsymbol{A}_p & \boldsymbol{O} \\ \boldsymbol{O}, & \boldsymbol{B}_O \boldsymbol{C}_p & \boldsymbol{A}_O \end{bmatrix} \tag{8-60}$$

式中

$$\boldsymbol{A}_C = \begin{bmatrix} 0.69 & 0.00 & 0.00 & 0.00 & 0.00 & 0.00 & 0.00 & 0.00 & 0.00 \\ 1.00 & 0.77 & 0.00 & 0.00 & 0.00 & 0.00 & 0.00 & 0.00 & 0.00 \\ 0.00 & 1.00 & 0.75 & 0.00 & 0.00 & 0.00 & 0.00 & 0.00 & 0.00 \\ 0.00 & 0.00 & 0.00 & 0.32 & 0.00 & 0.00 & 0.00 & 0.00 & 0.00 \\ 0.00 & 0.00 & 0.00 & 1.00 & 0.51 & 0.00 & 0.00 & 0.00 & 0.00 \\ 0.00 & 0.00 & 0.00 & 0.00 & 1.00 & 0.77 & 0.00 & 0.00 & 0.00 \\ 0.00 & 0.00 & 0.00 & 0.00 & 0.00 & 0.00 & 0.57 & 0.00 & 0.00 \\ 0.00 & 0.00 & 0.00 & 0.00 & 0.00 & 0.00 & 1.00 & 0.95 & 0.00 \\ 0.00 & 0.00 & 0.00 & 0.00 & 0.00 & 0.00 & 0.00 & 1.00 & 0.17 \end{bmatrix}$$

$$\boldsymbol{B}_p \boldsymbol{C}_c = \begin{bmatrix} 0.69 & 0.00 & 0.00 & 0.05 & 0.00 & 0.00 & 0.00 & 0.00 & 0.00 \\ 0.00 & 0.00 & 0.00 & 0.00 & 0.00 & 0.04 & 0.00 & 0.00 & 0.00 \\ 0.00 & 0.00 & 0.00 & 0.00 & 0.00 & 0.00 & 0.00 & 0.00 & 0.04 \end{bmatrix}$$

$$\boldsymbol{A}_{\mathrm{p}} = \begin{bmatrix} 1.00 & 0.00 & 0.00 \\ 0.00 & 0.99 & 0.00 \\ 0.00 & 0.00 & 0.99 \end{bmatrix}$$

$$\boldsymbol{B}_{\mathrm{O}}\boldsymbol{C}_{\mathrm{p}} = \begin{bmatrix} 0.50 & 0.40 & 0.30 \\ 0.00 & 0.00 & 0.00 \\ 0.00 & 0.00 & 0.00 \\ 0.30 & 0.20 & 0.10 \\ 0.00 & 0.00 & 0.00 \\ 0.00 & 0.00 & 0.00 \\ 0.20 & 0.40 & 0.60 \\ 0.00 & 0.00 & 0.00 \\ 0.00 & 0.00 & 0.00 \end{bmatrix}, \boldsymbol{A}_{\mathrm{O}} = \begin{bmatrix} 0.91 & 0.00 & 0.00 & 0.00 & 0.00 & 0.00 & 0.00 & 0.00 & 0.00 \\ 1.00 & 0.75 & 0.00 & 0.00 & 0.00 & 0.00 & 0.00 & 0.00 & 0.00 \\ 0.00 & 1.00 & 0.29 & 0.00 & 0.00 & 0.00 & 0.00 & 0.00 & 0.00 \\ 0.00 & 0.00 & 0.00 & 0.63 & 0.00 & 0.00 & 0.00 & 0.00 & 0.00 \\ 0.00 & 0.00 & 0.00 & 1.00 & 0.46 & 0.00 & 0.00 & 0.00 & 0.00 \\ 0.00 & 0.00 & 0.00 & 0.00 & 1.00 & 0.13 & 0.00 & 0.00 & 0.00 \\ 0.00 & 0.00 & 0.00 & 0.00 & 0.00 & 0.00 & 0.55 & 0.00 & 0.00 \\ 0.00 & 0.00 & 0.00 & 0.00 & 0.00 & 0.00 & 1.00 & 0.97 & 0.00 \\ 0.00 & 0.00 & 0.00 & 0.00 & 0.00 & 0.00 & 0.00 & 1.00 & 0.44 \end{bmatrix}$$

$$\boldsymbol{B} = \begin{bmatrix} 1.00 & 0.00 & 0.00 \\ 0.00 & 0.00 & 0.00 \\ 0.00 & 0.00 & 0.00 \\ 0.00 & 1.00 & 0.00 \\ 0.00 & 0.00 & 0.00 \\ 0.00 & 0.00 & 0.00 \\ 0.00 & 0.00 & 1.00 \\ 0.00 & 0.00 & 0.00 \\ 0.00 & 0.00 & 0.00 \\ & \boldsymbol{O} & \end{bmatrix}, \boldsymbol{C} = \begin{bmatrix} & 0.00 & 0.00 & 1.00 & 0.00 & 0.00 & 0.00 & 0.00 & 0.00 & 0.00 \\ \boldsymbol{O} & 0.00 & 0.00 & 0.00 & 0.00 & 0.00 & 1.00 & 0.00 & 0.00 & 0.00 \\ & 0.00 & 0.00 & 0.00 & 0.00 & 0.00 & 0.00 & 0.00 & 0.00 & 1.00 \end{bmatrix}$$

从广义模型 M 的系统矩阵及输入、输出矩阵可知,该系统为可稳定且可观测的。假定实际对象的状态干扰向量 $\boldsymbol{\eta}(k)$ 和输出干扰向量 $\boldsymbol{\zeta}(k)$ 都服从均值为 0 的正态分布,各个干扰信号之间相互独立。其协方差阵分别表示为

$$\boldsymbol{Q}_{\mathrm{p}} = \mathrm{dig}(0.1^2, 0.2^2, 0.3^2) \tag{8-61}$$

$$\boldsymbol{R}_{\mathrm{p}} = \mathrm{dig}(0.11^2, 0.18^2, 0.24^2) \tag{8-62}$$

整个系统可以描述为

$$\boldsymbol{x}(k+1) = \boldsymbol{A}\boldsymbol{x}(k) + \boldsymbol{B}\boldsymbol{u}(k) + \boldsymbol{f}(k) + \boldsymbol{\zeta}(k) \tag{8-63}$$

$$\boldsymbol{y}(k) = \boldsymbol{C}\boldsymbol{x}(k) \tag{8-64}$$

式中:$\boldsymbol{f}(k)$ 表示各个路由节点的数据注入向量;$\boldsymbol{\zeta}(k)$ 为系统的干扰向量,即

$$\boldsymbol{f}(k) = \begin{bmatrix} \boldsymbol{f}_{\mathrm{I}}(k) & \boldsymbol{O} & \boldsymbol{f}_{\mathrm{O}}(k) \end{bmatrix}^{\mathrm{T}} \tag{8-65}$$

$$\boldsymbol{\zeta}(k) = \begin{bmatrix} \boldsymbol{O} & \boldsymbol{\eta}(k) & \boldsymbol{B}_{\mathrm{O}}\boldsymbol{\xi}(k) \end{bmatrix}^{\mathrm{T}} \tag{8-66}$$

实际被控参数的期望值为

$$\boldsymbol{y}_{\mathrm{p}} = \begin{bmatrix} 56.12 & 15.62 & 67.27 \end{bmatrix}^{\mathrm{T}} \tag{8-67}$$

经计算,整个系统的一个输入向量应设置为

$$\boldsymbol{v} = \begin{bmatrix} 656.4 & 1741.4 & 2493.3 \end{bmatrix}^{\mathrm{T}} \tag{8-68}$$

考虑到实际应用执行器受上下限的制约,将真实对象的内部状态(控制阀流量)限制在一定范围之内,即

$$0 \leqslant x_{\mathrm{p1}} \leqslant 100 \tag{8-69}$$

$$0 \leqslant x_{p2} \leqslant 200 \qquad\qquad (8-70)$$

$$0 \leqslant x_{p3} \leqslant 300 \qquad\qquad (8-71)$$

在路由节点没有发生数据注入行为情况下,被控参数的实际输出如图 8-7 所示。

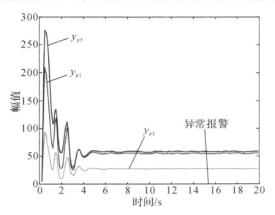

图 8-7　物理对象被控参数的实际输出曲线

广义对象 M 的 3 个输出值如图 8-8 所示。从图 8-8 中可以看出,该控制系统在短时间内就达到了稳定状态。

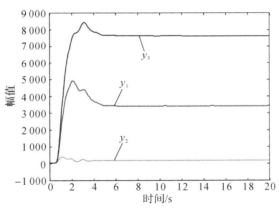

图 8-8　广义对象的输出曲线

## 8.6.2　控制系统异常行为检测及弹性控制

基于 $\chi^2$ 拟合优度检验法对系统异常行为进行检测时,采用卡尔曼滤波器获得系统稳定后的残差分布矩阵为

$$\boldsymbol{S} = (\boldsymbol{CPC}^{\mathrm{T}})^{-1} = \begin{bmatrix} 34.56 & -7.94 & -8.09 \\ -7.94 & 28.62 & -0.35 \\ -8.09 & -0.35 & 10.47 \end{bmatrix} \qquad (8-72)$$

由式(8-51)中的 $z(k)$ 应服从 $\chi^2$ 分布,即

$$z \sim \chi^2(13) \tag{8-73}$$

基于矩阵 $S$ 和 $n$ 个残差向量 $\gamma(k)(k=1,2,\cdots,n)$ 对采样数据进行分析。为了保证检测的实时性，采用滑动窗口方式对时刻 $k$ 前的 $n$ 个残差向量进行分析，表示为

$$z(i) = \gamma(i)^\mathrm{T} S\gamma(i), \quad i = k-n+1, k-n, \cdots, k \tag{8-74}$$

将 $\chi^2$ 分布表按照统计量的概率取值划分为 $14(r=14)$ 个部分，每部分的理论概率及 $z$ 的取值范围见表 8-2。

**表 8-2 $\chi^2$ 分布表中区域概率取值（自由度 $n=3$）**

| 区域 | $z$ 的取值范围 | $p_i$ |
|------|--------------|-------|
| A1 | $z \leqslant 0.072$ | 0.005 |
| A2 | $0.072 < z \leqslant 0.115$ | 0.005 |
| A3 | $0.115 < z \leqslant 0.216$ | 0.015 |
| A4 | $0.216 < z \leqslant 0.352$ | 0.025 |
| A5 | $0.352 < z \leqslant 0.584$ | 0.05 |
| A6 | $0.584 < z \leqslant 1.213$ | 0.15 |
| A7 | $1.213 < z \leqslant 2.37$ | 0.25 |
| A8 | $2.37 < z \leqslant 4.108$ | 0.25 |
| A9 | $4.108 < z \leqslant 6.251$ | 0.15 |
| A10 | $6.251 < z \leqslant 7.815$ | 0.05 |
| A11 | $7.815 < z \leqslant 9.348$ | 0.025 |
| A12 | $9.348 < z \leqslant 11.354$ | 0.015 |
| A13 | $11.354 < z \leqslant 12.838$ | 0.005 |
| A14 | $12.838 < z$ | 0.005 |

设定 $n=100$，采样 $n$ 个残差向量后分别统计 $z(i)(i=k-n+1, k-n, \cdots, k)$ 落入各个区域（$Ai$）的个数用 $n_i(k)$ 表示，可得 $k$ 时刻的 Pearson 统计量为

$$T(k) = \sum_{i=1}^{r} \frac{[n_i(k) - np_i]^2}{np_i} \tag{8-75}$$

设置置信度水平 $\alpha=0.005$，拒绝域门限值为

$$c = \chi_\alpha^2(r-1) = \chi_{0.005}^2(13) = 29.819 \tag{8-76}$$

对应的拒绝域为

$$W = \{T(k) \geqslant 29.819\} \tag{8-77}$$

若异常检测器通过残差向量 $\gamma(k)$ 中第 $i$ 个维度的残差值 $\gamma_i(k)(i=1,2,3)$ 进行检验，正常情况下该值的 $n$ 个样本应服从正态分布，假定其均值为 $m_i$，标准差为 $\sigma_i$，则 $n$ 个样本

$$L_i(j) = \frac{\gamma_i(j) - m_i}{\sigma_i}, \quad j = k-n+1, k-n, \cdots, k \tag{8-78}$$

应服从标准正态分布。

采用拟合优度检验时，将 $L_i(j), j=k-n+1, k-n, \cdots, k$，的取值按概率划分为 8 个部分，每部分的概率取值见表 8-3。

表 8 - 3　标准正态分布表中区域概率取值

| 区域 | $L$ 的取值范围 | 理论概率 |
|------|------|------|
| A1 | $L \leqslant -3$ | 0.002 |
| A2 | $-3 < L \leqslant -2$ | 0.021 |
| A3 | $-2 < L \leqslant -1$ | 0.136 |
| A4 | $-1 < L \leqslant -0$ | 0.341 |
| A5 | $0 < L \leqslant 1$ | 0.341 |
| A6 | $1 < L \leqslant 2$ | 0.136 |
| A7 | $2 < L \leqslant 3$ | 0.021 |
| A8 | $3 < L$ | 0.002 |

设置置信度水平 $\alpha = 0.005$，对应的拒绝域门限值为

$$c = \chi_\alpha^2(r-1) = \chi_{0.005}^2(7) = 20.28 \tag{8-79}$$

对应的拒绝域为

$$W = \{L_i(k) \geqslant 20.28\} \tag{8-80}$$

路由节点没有发生数据注入攻击时，统计量 $T(k)$ 和 $L(k)$ 的各个输出值如图 8 - 9 和图 8 - 10 所示。图 8 - 10 中的统计量从第 50 s 输出数据，在 30～40 s 计算 $\gamma_i(k)(i=1,2,3)$ 的均值和样本方差。可以看出，两种基于 $\chi^2$ 拟合优度检验法计算得出的 Pearson 统计量小于报警门限值。

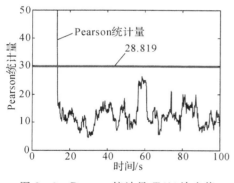

图 8 - 9　Pearson 统计量 $T(k)$ 输出值

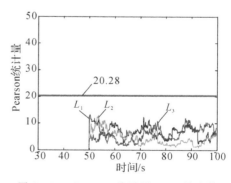

图 8 - 10　Pearson 统计量 $L(k)$ 输出值

假定从第 40 s 在控制网络中发生了数据注入行为，路由节点的注入向量为

$$\boldsymbol{f}_i^{\mathrm{T}}(k) = [5\ 0.5\ 0.8\ 0\ 0\ 0\ 0\ 0] \tag{8-81}$$

图 8 - 11 给出了 3 个被控物理参数 $y_p$ 的输出值，3 个参数在非法数据注入时间范围内均出现了振荡现象，且随着攻击时间的延长，振荡幅值增加到一定程度后趋于稳定。这种情况是因为路由节点将合法数据进行传递时也将注入的非法数据进行了传递，从而引起振荡的加剧。两种方法计算的 Pearson 统计量如图 8 - 12 和图 8 - 13 所示，可以看出，$T(k)$、$L_1(k)$、$L_2(k)$ 和 $L_3(k)$ 均大于报警门限值，表明该检测方能够检测出路由节点的数据注入行为。

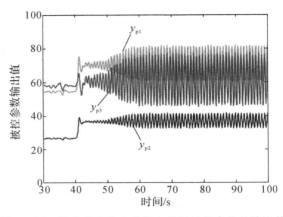

图 8-11　路由节点注入常数向量时被控参数的输出值

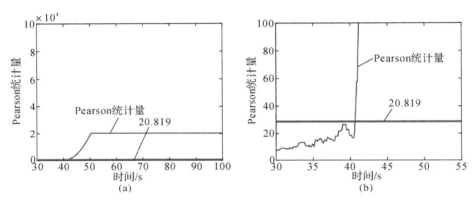

图 8-12　数据注入攻击为常数时统计量 $T(k)$ 的输出

(a)30~100 s 的输出值；(b)30~55 s 的输出值

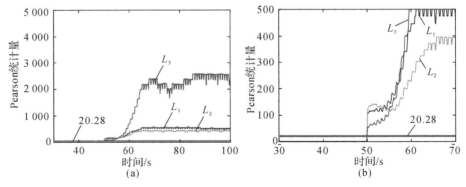

图 8-13　数据注入攻击为常数时统计量 $L(k)$ 的输出

(a)0~100 s 的输出值；(b)30~70 s 的输出值

在控制网络的第 8 个路由节点(即 $x_8$)处注入一个周期为 20 s、攻击时间从 40 s 开始、幅值为 20 的正弦波。$y_p$ 输出和系统异常报警输出 $p$ 如图 8-14 所示。

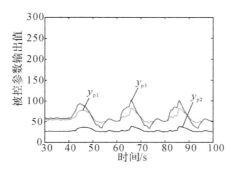

图 8-14 路由节点注入正弦攻击信号时被控参数的输出值

可以看出,被控物理对象的 3 个被控参数均发生不规则振荡,且呈现周期性规律,统计量 $T(k)$、$L_1(k)$、$L_2(k)$ 和 $L_3(k)$ 如图 8-15 和图 8-16 所示。

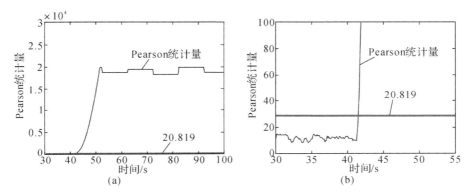

图 8-15 数据注入攻击为正弦信号时统计量 $T(k)$ 的输出

(a)30～100 s 的输出值;(b)30～55 s 的输出值

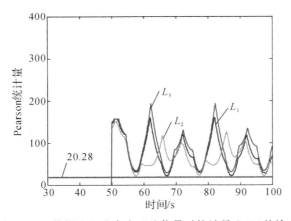

图 8-16 数据注入攻击为正弦信号时统计量 $L(k)$ 的输出

检测系统检测到注入攻击后使控制器开始切换控制通道,经过第 6 次路径切换后避开了被攻击的节点,其输出仿真结果如图 8-17 所示。可以看出,通过路径切换,经短暂的动态冲击后,可使控制系统恢复到稳定状态。经过 18 次路径切换后仍然不能消除注入数据的影响,控制器将控制方式切换到开环控制状态,图 8-18 给出了输出结果,可以看出开环控制不能够消除来自实际对象的干扰信号。由于系统最大允许失控时间的限制,控制器不能长期处于路径切换状态。开环控制一段时间后,可继续寻找能够使系统正常运行的可靠路径。

由上述分析可知,基于多跳路由方式构建的网络化控制系统在设定好控制、检测网络中节点系数和路径的传输系数后,采用卡尔曼滤波器作为状态估计器和状态反馈可实现系统的稳定控制。由于实际被控物理对象不是系统的直接输出,需基于物理对象的理想输出值计算出系统的设定值。在节点发生数据注入攻击行为后,虽然通过替换备选路径的方法可实现系统的恢复性控制,但备选路径的选取与数量的大小需考虑被控物理对象的实际情况。随着节点数量的增加,可供选择的路径会不断扩大。在数据注入攻击作用下,由于控制器路径切换次数的限制,在选择备选路径时应充分考虑节点被攻击可能性的大小,合理选择一定数量的备选路径,最大限度地使系统安全运行。

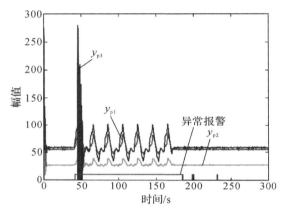

图 8-17 切换控制路径后的对象输出及异常报警曲线

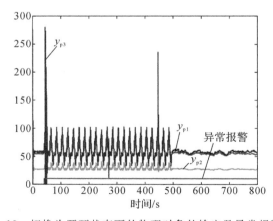

图 8-18 切换为开环状态下的物理对象的输出及异常报警曲线

# 8.7　本 章 小 结

　　在考虑无线多跳路由网络化控制系统中路由节点发生数据注入行为情况下,被控 MIMO 对象的可稳定性、可观测性及抗干扰特性是科技工作者必须考虑的问题。本章不同于传统分析方法,在假定被控 MIMO 对象可稳定且能观测条件下,通过对控制网络和检测网络数据传输模式的分析,结合 MIMO 对象的数学模型将系统的控制对象建模为一种广义对象。为了使广义对象可稳定并能观测,以定理方式给出了路由网络中节点间路径传输系数及节点转换系数需满足的条件,并对该定理进行了证明。基于最优控制理论及卡尔曼状态估计策略,构建了基于状态反馈的最优控制器。在 MIMO 对象存在正态分布的状态干扰和输出干扰,且控制通道和检测通道发生数据注入行为情况下,基于拟合优度检验法给出了控制系统异常检测器的设计方法。在检测到数据注入行为的基础上,基于轮询切换路由网络中多个备选路径的方法提出了一种系统可恢复性状态反馈控制策略。仿真结果表明,这种异常检测方法能够及时检测到针对路由节点的数据注入行为。在路由节点发生数据注入行为的情况下,基于路径切换策略重构多跳路由网络化控制系统模型能够对被控参数进行可恢复性控制。

　　由于实际应用中 MIMO 对象的输入变量与输出变量之间一般会存在耦合关系,针对难于确定的、可作为系统输入变量的数据注入向量,未来应重点研究数据注入节点的定位问题。对于一些为了达到破坏网络控制系统的蓄意隐秘性攻击和数据篡改行为,需要做专门性研究并针对性地给出应对方案。

# 第9章　网络化控制系统运行安全的主动防御策略——数字水印技术

回放攻击（Replay Attacks）又称重播攻击、重放攻击或新鲜性攻击（Freshness Attacks）。该攻击行为一般是攻击者通过向目标主机发送一个在历史过程中曾经接收过的数据包，以达到欺骗异常检测系统的目的[164-167]。回放攻击常用于身份认证过程，并能够破坏认证的正确性。这种攻击行为会不断恶意地重复发送一个有效的传输数据。回放攻击可以由攻击者或数据拦截者通过重发历史数据在某一攻击节点展开网络攻击。攻击者利用网络监听或者其他方式盗取认证凭据，之后再把它重新发给认证服务器[168]。虽然数据发送者采用数据加密方式可以有效防止通信中的会话劫持行为，但却难于防止回放攻击行为。回放攻击行为在任何网络的通信过程中都可能发生。目前回放攻击行为已成为计算机领域黑客常用的攻击方式之一。

## 9.1　网络化控制系统中的回放攻击及研究现状

针对网络化控制系统的回放攻击行为属于主动攻击的一种，实际上是一种欺骗式攻击。攻击节点记录某段时间内传感器发出的数据作为储备攻击数据，在发动回放攻击的适当时刻，攻击者使用这些历史数据来替代当前传感器发送的数据，并最终影响控制系统的运行特性。回放攻击可造成网络节点能量的大量消耗、网络带宽的占用或网络吞吐量降低等不利影响。由于回放攻击节点发送的是正确的历史数据，所以具有一定的隐蔽性，应用常用的异常检测器很难检测出来。在文献[169]中作者详细给出了 2010 年发生在伊朗核电站"震网"蠕虫病毒的攻击过程。首先"震网"通过一个感染该病毒的 USB 盘入侵到微软的 Windows 操作系统，在非法获得网络认证的基础上伪装成合法用户入侵到控制系统。"震网"判断出控制网络中的控制设备存在西门子的产品时，则会通过 Internet 下载一个有针对性的攻击工具。这种工具可收集一定时间内目标系统的控制命令和检测信息，在时机成熟时向远端控制器提供错误的反馈信息，达到了破坏控制系统的目的。该攻击过程中通过网络传输的虚假反馈信息就是回放攻击数据。

目前关于网络化控制系统的攻击检测问题已引起研究人员的广泛关注，许多科研机构及相关组织已取得了一系列的研究成果。文献[170]提出了一种消息观测机制（MOM），有效解决了无线传感器网络中的 DoS 攻击检测问题。文献[171]在假定系统存在状态干扰和输出干扰均为正态分布的情况下,采用了 $\chi^2$ 检验法检验控制系统是否存在数据注入攻击行为。$\chi^2$ 检验法已成为目前最常用的异常行为检测方法之一[172-174]。关于回放攻击行为的研究主要包含入侵检测和主动防御两个部分。入侵检测系统以检测自身漏洞为主,其检测方式存在一定的局限性。采用特征检测的异常检测方法是在攻击行为发生后给出报警信息,其保护策略存在一定的滞后性。对于防护实时性较强的被控设备来说,在回放攻击作用下,较长时间的防护滞后会使系统控制性能扭曲,严重情况下会损毁控制设备。另外,当回放攻击行为发生时,由于回放历史数据的统计特性与正常情况下没有区别,所以 $\chi^2$ 检验法对回放攻击行为的检测没有效果。

针对网络化控制系统回放攻击检测问题的研究,文献[175]对回放攻击的手段和防御措施进行了一定的分析,基于双向通信的新鲜性检查方法,提出了一种基于方向的回放攻击防御机制。文献[176]针对智能电网用户负荷自动调控系统存在安全性问题提出一种有效的异常检测策略,该策略通过向系统中注入一个短时间的、周期性的人工噪声可以快速地检测出回放攻击行为,并可有效降低攻击者造成的能源浪费现象。在文献[177]中,作者采用一种非合作性的随机博弈方法设计了一种次优的切换控制策略,在提高回放攻击检测率和控制系统性能之间做了均衡处理。在文献[178]中,作者通过添加水印滤波器和均衡滤波器,基于约定的加密数据不断切换滤波器参数以达到检测回放攻击的目的。为了保持控制性能不变化,该方法需在切换滤波器参数时不断初始化水印滤波器和均衡滤波器的状态。这种检测方法在有较强实时性检测要求的条件下很难满足需求。

考虑到入侵检测系统是在攻击作用发生后产生效果,其检测滞后性不利于控制系统和设备的保护。采用主动的防御措施可及时并有效地起到实时保护作用[179]。目前,数字水印技术已成为网络安全的重要防护手段之一[180-183]。本章提到的数字水印指的是控制指令或检测信息中隐藏的数据。数据发送端添加数字水印的目的是使接收方接收数据时能够基于水印数据判断出载体数据的真伪性。

从上述国内、外相关文献来看,在不影响动力学特性前提下,针对网络化控制系统回放攻击行为的实时检测问题尚缺乏有效措施。本章重点研究传感器输出端回放攻击行为的实时检测问题,在不影响系统动力学特性的情况下基于 $\chi^2$ 拟合优度检验策略提出一种实时在线检测方法。在回放攻击行为发生后,检测器可在短时间内产生报警,控制器通过快速切换控制策略可对被控对象形成有效保护。本章将详细阐述传感器节点到控制器节点的数据传输方法、水印数据和时间戳的添加策略,并给出回放攻击行为的实时检测方法。

# 9.2 网络化控制系统结构及传感器端的回放攻击

## 9.2.1 网络化控制系统的结构及控制方式

图 9-1 所示的网络化控制系统是由一个物理被控对象、一个控制器、一个从控制器到执行机构传输命令的控制网络和一个从传感器到控制器传输信息的检测网络构成的。考虑到系统的安全性,须设计一个异常行为检测器。图 9-1 中的被控对象为一个多输入-多输

出的广义对象,包括执行器、实际物理对象和传感器。执行器和传感器为配置了处理器的智能执行和检测元件。执行器前端的数据接收装置接收控制器发出的控制指令,并基于该指令控制执行装置的动作。传感器输出端配置的数据发送装置将检测信息发送给控制器和异常检测器。控制方式为时间驱动,即由传感器端的数据发送装置周期性地触发检测数据到控制器的数据传输。这个定时周期可认为是系统的采样时间(表示为 $T_s$),即在该时间内数据发送装置完成所有传感器数据的采样、量化、数据保存及数据发送过程。控制器接收到检测信息后须在该段时间内完成控制算法的运算并输出控制命令。基于时间驱动控制系统各个阶段的分步执行时序图如图 9-2 所示。表 9-1 中对各个时间段做了详细解释。

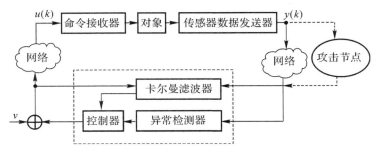

图 9-1 网络化控制系统的结构

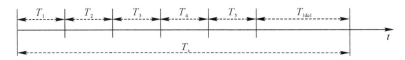

图 9-2 网络化控制系统时间驱动下分步执行时序

表 9-1 各个分布执行时间段的含义

| 序号 | 时间段描述符 | 含 义 |
| --- | --- | --- |
| 1 | $T_1$ | 数据发送器完成所有传感器采样所需时间 |
| 2 | $T_2$ | 检测信息数据传输时间 |
| 3 | $T_3$ | 状态估计时间 |
| 4 | $T_4$ | 控制器计算控制输出时间 |
| 5 | $T_5$ | 控制指令数据传输时间 |
| 6 | $T_{Idle}$ | 采样周期中的空余时间 |
| 7 | $T_s$ | 系统采样周期 |

一个 MIMO 对象的离散数学模型描述为

$$x(k+1) = Ax(k) + Bu(k) + \zeta(k) \tag{9-1}$$

$$y(k) = Cx(k) + \eta(k) \tag{9-2}$$

式中:$A$ 为 $n \times n$ 常系数矩阵;$B$ 为 $n \times p$ 常系数输入矩阵;$C$ 为 $q \times n$ 输出矩阵;$u(k)$ 为 $p$ 维输入向量;$y(k)$ 为 $q$ 维传感器的实际输出向量;$\zeta(k)$ 和 $\eta(k)$ 分别表示 $n$ 维状态干扰向量和

$q$ 维输出干扰向量,它们都是服从正态分布的随机过程。假定实际对象为可稳定且状态可观测的。当传感器数据发送器内的定时器计时结束时,一个数据帧由传感器数据发送装置向控制器发出并引发控制信息的产生。假定在采样时间 $T_s$ 内传感器到控制器的数据传输、状态估计、控制算法及控制器到 MIMO 对象的数据传输都能够完成。控制器采用卡尔曼滤波器获得系统的状态估计(即系统状态的无偏最小方差估计),基于状态反馈的形式实现对被控对象的闭环控制。状态反馈矩阵 $F$ 的选取需保证整个系统是稳定的,即闭环系统矩阵的特征值需在单位圆之内。在控制系统运行过程中,卡尔曼滤波算法可融合在控制算法过程中。采用线性二次型最优控制(LQG)策略,选取的最优性能指标 $J$ 用如下方程描述

$$J = \sum_{k=0}^{\infty} \left[ (x(k)^{\mathrm{T}}) Q_1 (x(k)^{\mathrm{T}})^{\mathrm{T}} + u(k)^{\mathrm{T}} R_1 u(k) \right] \tag{9-3}$$

式中:$Q_1$ 为 $n \times n$ 正半定常数矩阵;$R_1$ 为 $m \times m$ 正定常数矩阵。在给定常线性系统条件下,使该目标函数取最小值的最优控制序列为

$$u^*(k) = v - F\hat{x}(k) \tag{9-4}$$

式中:$\hat{x}(k)$ 表示在 $k$ 时刻卡尔曼滤波器获得的状态估计值;$F$ 为状态反馈矩阵;$v$ 为系统的设定输出向量;$u^*(k)$ 为 $k$ 时刻向执行器命令接收器发送的控制指令。状态反馈矩阵的获取方式如下:

$$F = \tilde{R}^{-1} B^{\mathrm{T}} P A \tag{9-5}$$

$$\tilde{R}^{-1} = R_1 + B^{\mathrm{T}} P B \tag{9-6}$$

式(9-5)和式(9-6)中的 $P$ 为如下黎卡提方程的对称正定解:

$$P = Q_1 + A^{\mathrm{T}} P A - A^{\mathrm{T}} P B (R_1 + B^{\mathrm{T}} P B)^{-1} B^{\mathrm{T}} P A \tag{9-7}$$

式中:$v$ 设定为 $p$ 维常数向量,该向量的选取应与实际对象的被控参数量 $y_p$ 相对应。

## 9.2.2　控制系统传感器端的回放攻击方式

攻击节点一般为部署在隐秘位置并配置了高级处理器的智能节点。攻击节点能够接收到控制器或传感器发出的信息,其攻击的目标节点会在其通信范围之内。在攻击节点上运行的攻击算法能够获得控制系统的运行参数和数据特征,一旦条件成熟将对目标节点展开针对性攻击,直接破坏或修改控制系统的运行参数,甚至破坏系统的稳定性[184-186]。图 9-3 是一个发生在检测通道的回放攻击示意图。在无线传输方式下,传感器数据发送器发出的数据在被控制器接收的情况下也可被攻击节点接收到。图 9-3 中的虚线表示正常情况下的通信线路,在攻击行为发生前攻击节点通过该线路获取控制系统的检测信息并分析系统特征,条件成熟时通过蓝色线路对控制器发动主动攻击。

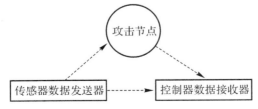

图 9-3　发生在检测通道的回放攻击

　　一般来说,控制器接收数据采用中断的方式,即接收器判断出线路上有数据出现就将数据存入缓存区。当接收缓存区接收到一帧合法数据时就将该数据作为合法信息提供给控制器使用。在控制算法由传感器定时驱动的情况下,攻击节点和控制器会同时接收到传感器数据。攻击节点攻击控制器时,如果其数据传送时间与传感器发送器数据发送时间相重叠,则会对控制器形成 DoS 攻击[187-188]。此时控制器接收到的数据会因校验和发生错误而拒绝接收数据帧。在这种情况下,控制器因长时间得不到及时更新的传感器信息而发生失控现象。如果攻击者在利用 $T_s$ 时间内的 $T_{Idle}$ 时间段向控制器发送攻击数据,可使控制器完整地接收到攻击数据并产生错误的控制指令。攻击节点对控制器进行网络攻击的流程图如图 9-4 所示。

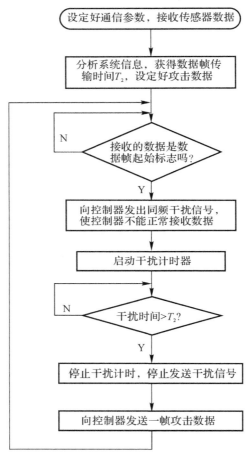

图 9-4　攻击节点针对检测通道的攻击策略流程图

　　回放攻击与其他攻击方式的不同在于,攻击者将某时间段内系统正常工作条件下的传感器输出数据作为攻击数据。当攻击条件成熟时,攻击节点将这些数据伪装成当前传感器数据发送给控制器。图 9-5 中攻击者从 $k_1$ 时刻开始读取并记录所有传感器的输出值,直到 $k_T$ 时刻结束。记录周期 $T$ 为采样时间的整数倍($T=nT_s$)。攻击节点从 $k_1$ 时刻开始发起回放攻击,即将记录下的 $k_1$ 到 $k_T$ 的数据周期性地发送给控制器。如果攻击者已经破解了检测通道的加密方式和数据通信格式,并对其中对应的传感器检测数据内容做了修改,控制系统将失去控制作用。如果攻击者没有破解数据加密方式,只是通过简单的回放历史数据欺骗了异常检测器,在控制通道施加一定的攻击也可对控制系统产生破坏作用。此时,由于攻击者直接对执行器产生控制作用,留给防护系统的时间非常有限,所以通过控制通道对控制系统发生网络攻击的后果是非常严重的,短时间内即可损毁控制设备。一般情况下,针对控制系统的网络攻击行为可通过 $\chi^2$ 检测器对异常行为做出判断。定义矩阵

$$\boldsymbol{\Phi} = (\boldsymbol{A} + \boldsymbol{BF})(\boldsymbol{I} - \boldsymbol{KC}) \tag{9-8}$$

式中:$\boldsymbol{F}$ 为状态反馈矩阵;$\boldsymbol{K}$ 为稳定后的卡尔曼增益矩阵。由文献[189]可知,在存在回放攻击行为情况下,若 $\boldsymbol{\Phi}$ 不稳定,其采用的 $\chi^2$ 检测器产生的残差将会随时间增加趋于无穷大。若 $\boldsymbol{\Phi}$ 稳定,由于攻击者回放的是合法的历史数据,$\chi^2$ 检测器将变为无效,不能产生有效的报警。此时若在控制网络中注入一个非法数据可对实际被控对象产生破坏作用。

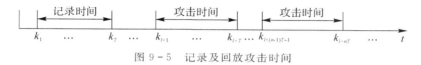

图 9-5　记录及回放攻击时间

# 9.3　检测通道数据传输模式及数字水印策略

在控制对象的输出端,数据发送器将所有传感器的输出信号进行采样后打包发送给控制器的接收装置。本章定义的数据帧如图 9-6 所示。该帧中除了起始标志字节 ST 和帧结束标志字节 End 外,其他所有字节均由 ASCII 码表示。这样定义可保证数据帧中的字节没有与 ST 和 End 重复。其各个标识段的含义见表 9-2。假设攻击者有能力掌握该数据通信格式,并可通过攻击节点伪造出一个数据帧。攻击者采用数据回放并修改时间戳的情况下,企图对控制系统发动攻击,达到破坏控制对象的目的。数据帧中的"T"为时间戳字段,该字段用 15 个字节表示数据发送的当前时刻。时间戳划分的最小刻度与系统的防护实时性要求有关。防护实时性要求越高,时间戳的刻度应划分得越细。一般情况下,该时间戳划分为毫秒级精度即能满足一般系统的防护要求。Sensors 表示发送的数据是几个传感器的数据,即系统输出向量的维数 $q$,$L$ 表示每个传感器数据的长度,即每个传感器的数值信息由几个字节表示,Data 为传感器数据,其字节数应为 Sensors$\times L$。4 字节的 CRC 校验值由数据发送端产生,数据接收端使用该校验码验证接收数据的正确性。

图 9-6　检测网络数据传输格式

表 9 - 2　数据帧中各个标识字段的含义

| 标识段 | 字节数 | 含 义 |
|---|---|---|
| ST | 1 | 帧起始标识字节 |
| DA | 1 | 节点目标地址 |
| SA | 1 | 节点源地址 |
| T | 15 | 时间戳 |
| Sensors | 2 | 传感器数量 |
| L | 2 | 每个传感器数据的长度 |
| Data | 由 Sensors 和 $L$ 决定 | 传感器数据 |
| CRC | 4 | CRC 校验值 |
| End | 1 | 帧结束标识字节 |

　　为了使数据接收端判断出检测信息来自于合法节点还是来自于恶意的攻击节点,需要在数据帧中隐藏一定量的水印数据。数据接收端基于该水印数据中蕴含的水印信息可得出系统是否遭受了回放攻击的结论。文献[190][191]中指出,通过在传输数据中添加相应的水印信息可以有效检测回放攻击行为。一般意义的水印数据是利用数字作品中普遍存在的冗余数据与分布的随机性,向数字作品中加入不易察觉但可以判定和区分的秘密信息。水印数据的添加是一种保护数字作品版权或作品完整性的一种技术[192]。被嵌入实际数字作品中的水印数据可以是字符、标识图案、ID 序列号等。水印信息通常是不可见或不可察觉的,它与原始数据(如图像、音频、视频数据等)紧密结合并隐藏其中,成为不可分离的一个整体。网络化控制系统在数据帧中加入水印数据,目的在于使接收装置利用水印数据判断接收到的数据是否由约定节点发出的合法数据,或在传输过程中是否发生了数据篡改行为。对于攻击者来说,即使完全得到了准确的水印数据,也难以得到蕴含在这些数据当中的水印信息。一般地,水印信息不出现在数据明文中,而是用与一定数量的约定参数来表示,这些参数可将水印信息确定下来,即

$$\boldsymbol{\Delta}=\varphi(\theta_1,\theta_2,\cdots,\theta_n) \tag{9-9}$$

　　图 9 - 7 给出了水印数据和水印信息的产生过程,其中 $\theta_i(i=1,2,\cdots,n)$ 表示水印参数,$\boldsymbol{\Delta}$ 表示水印信息。式(9-9)中的 $\varphi$ 表示水印参数与水印信息的一一对应关系,即水印产生算法。一组不同的水印参数和不同的水印信息应产生与之相对应的水印数据(用 $w$ 表示)。对于数据发送端来说,在已知水印信息的情况下,会基于水印参数并采用水印产生算法产生一定数量的水印数据。这些隐藏在数据帧中的水印数据一起被数据接收装置所接收。在数据接收端,水印信息提取算法基于接收到的水印数据回算出蕴含在其中的水印信息。如果提取到的水印信息与发送端的不同时可认为发生了数据攻击或数据篡改行为。

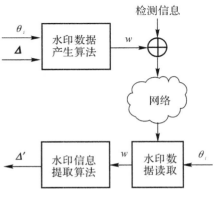

图 9 - 7　水印信息的产生与提取过程

# 9.4　基于拟合优度检验的回放攻击行为检测

拟合优度检验(Test of Goodness of Fit)指的是考察一组样本的分布是否和某一总体的理论分布相吻合的一类检验。自 Karl Pearson 于 1900 年提出了 $\chi^2$ 检验法后,拟合优度检验问题就引起了广大学者的兴趣。如果数据发送者在数据帧中添加服从某种分布的水印数据,数据接收者通过分析一定时间段内的水印数据,可判断其分布的合理性。如果水印数据呈现合理分布则认为系统中没有发生回放攻击行为。

## 9.4.1　水印参数设置与水印数据生成

将时间戳[193-194]标识字段中的某个时间域值用 $T_m$ 来描述,即 $T_m$ 可以表示为当前时间戳的时、分、秒或毫秒值部分。用已知参数 $\theta_1$、$\theta_2$、$\theta_3$、$\theta_4$ 等将 $T_m$ 表述为另外两个函数值,即

$$T_{y1} = f(T_m, \theta_1, \theta_2, \cdots, \theta_n) \qquad (9-10)$$

$$T_{y2} = g(T_m, \theta_1, \theta_2, \cdots, \theta_n) \qquad (9-11)$$

式中:$f$ 和 $g$ 为选定的加密函数,旨在通过这两个函数对信道中传输的水印信息进行加密以防止被窃取。将 $T_m$ 定义为水印时间参数,$\theta_1, \theta_2, \theta_3, \cdots, \theta_n$ 为水印参数。假定水印参数只有数据的发送端和接收端已知,而攻击者未知该参数的具体数值。基于水印时间参数和水印参数产生的 $T_{y1}$ 和 $T_{y2}$ 为水印信息。数据发送以 $T_{y1}$ 为均值,$T_{y2}$ 为标准差,采用随机函数的方式产生一个服从正态分布的数据,即

$$w = \mathrm{normrnd}(T_{y_1}, T_{y_2}) \qquad (9-12)$$

式中:$w$ 为信道中传输的水印数据。当传感器端发送数据时,该水印数据需隐藏在数据帧中。这里提供两种水印数据隐藏方法。一种方法是将水印数据虚构成一定数量(用符号 $m$ 表示)的传感器检测信息,即将 Sensors 字段中标识的传感器数量比实际传感器数量多 $m$ 个,并在后续的 Data 字段中添加 $m$ 个水印数据作为虚构的传感器数据。$m$ 又可称为水印维数,即一帧数据帧中包含有 $m$ 个不同的水印数据。另一种方法是固定好 $w$ 的整数部分和小数部分的位数后,将 $w$ 的有效信息隐藏到传感器数据的相应位置中。两种方法的水印数据嵌入字段描述如图 9-8 和图 9-9 所示。

| Sensors | Length of sensor data | Data1 | $\cdots$ | Data($l$) | $\cdots$ | Data$N$ |
|---|---|---|---|---|---|---|

Sensors:表示真实传感器数量$l$与虚构传感器数量$m$之和
Length of sensor data:每个传感器数据长度
Data1~Data($l$):所有真实传感器数据
Data($l$+1)~Data$N$:虚构的传感器数据为$m$个水印数据

图 9-8　虚构传感器数据作为水印数据

| Sensors | Length of sensor data | Data1 | $w_1$ | ··· | ··· | DataN | $w_N$ |
|---------|----------------------|-------|-------|-----|-----|-------|-------|

Sensors:真实传感器数量
Length of sensor data:添加了水印数据的传感器数据长度
Data1~Data(N):真实传感器数据
$w_r$~$w_N$:分割在每个传感器数据末端的水印数据

图 9-9　传感器信息中嵌入水印数据

## 9.4.2　基于数字水印的回放攻击行为检测

在数据发送装置发出 $n$ 个数据帧后,采用上述两种水印嵌入方法接收装置均会得到 $n\times m$ 个水印数据。由于每个水印数据是基于时间戳,并采用随机方式产生的且服从正态分布的随机数据,在一定时间范围内,这些水印数据可视为一个正态分布的随机过程。在某个时间段内,对接收到 $n$ 个数据帧的水印数据进行分析,用 $w_i$ 作为数据帧中的第 $i$ 个水印随机变量,则该变量服从均值为 $u_i$,标准差为 $\sigma_i$ 的正态分布。公式表示为

$$w_i \sim N(u_i, \sigma_i{}^2) \tag{9-13}$$

式中:该统计量的均值 $u_i$ 和标准差 $\sigma_i$ 是由时间戳和隐藏的水印参数决定的。$m$ 个水印变量的二次方和统计量为

$$Z = \sum_{i=1}^{m} \left( \frac{w_i - u_i}{\sigma_i} \right)^2 \tag{9-14}$$

该统计量服从自由度为 $m$ 的卡方分布,即

$$Z \sim \chi^2(m) \tag{9-15}$$

式中:$Z$ 为水印统计量。判断控制器在某段时间内是否接收到正常的数据帧,或控制系统是否遭受了数据回放攻击,可以通过分析该统计量是否服从 $\chi^2$ 分布来决定。当时间戳实时传输时,在时间戳 $T_m$ 的某一时间域保持不变情况下,在一定时间范围内,数据接收端接收并记录一定数量的水印数据。如果这些水印数据用 $\omega_i(k)(k=1,2,\cdots,n,i=1,2,\cdots,m)$ 表示,基于水印数据 $\omega_i(k)$ 可获得如下值:

$$Z(k) = \sum_{i=1}^{m} \left[ \frac{\omega_i(k) - u_i(T_m)}{\sigma_i(T_m)} \right]^2 \tag{9-16}$$

式中:$T_m$ 可以为时间戳中的分钟、秒或其他一定时间内保持不变的时间刻度。通过一定数量的 $Z(k)(k=1,2,\cdots,n)$ 可以获得 Pearson 统计量。Pearson 统计量描述为

$$\chi^2 = \sum_{i=1}^{r} \frac{(n_i - np_i)^2}{np_i} \tag{9-17}$$

按照 $\chi^2$ 拟合优度检验法,需将一定时间内获得的 $Z(k)$ 划分为 $r$ 个部分来分析。这 $r$ 个部分分别用 $A_1, A_2, \cdots, A_r$ 来表示。在正常情况下,每部分的理论概率为已知,即出现的频数是固定不变的。假设在该段时间内共完成 $n$ 次采样,变量 $Z(k)$ 分别落入 $A_1, A_2, \cdots, A_r$ 各个区域的次数用 $n_i(i=1,2,\cdots,r)$ 表示,且满足

$$n = n_1 + n_2 + \cdots + n_r \tag{9-18}$$

当样本容量足够大且系统正常运行时，Pearson 统计量服从自由度为 $r-1$ 的 $\chi^2$ 分布，即

$$\chi^2 \sim \chi^2(r-1) \tag{9-19}$$

当攻击节点对控制器的数据接收装置进行回放攻击时，由于水印数据与时间戳有关，其回放攻击所用的攻击数据所用的时间戳为历史时间戳。故 Pearson 统计量不再服从当前时间戳的 $\chi^2$ 分布。通过拟合优度检验法可以检验控制系统是否发生了回放攻击行为。选定一个显著性水平 $\alpha$，作如下假设：

$$H_0 : p(A_i) = p_i, \quad i = 1, 2, \cdots, r \tag{9-20}$$

式中：$H_0$ 表示统计量 $Z(k)$ 分别落入 $A_1, A_2, \cdots, A_r$ 各个区域的理论概率。它们之间的数学关系为

$$\sum_{i=1}^{r} p(A_i) = 1 \tag{9-21}$$

该假设成立表示系统运行正常，否则表示存在数据注入攻击行为。对应的拒绝域为

$$W = \{ \chi^2 \geqslant c \} \tag{9-22}$$

式中：门限 $c$ 由显著性水平 $\alpha$ 决定，即

$$c = \chi_\alpha^2(r-1) \tag{9-23}$$

控制器中的回放攻击检测算法如图 9-10 所示。首先，数据接收程序采用 CRC 校验算法判断出接收数据正确性，然后通过时间戳来对回放攻击做检测。如果数据帧中的时间戳与系统自身时间戳不符或差值超出了允许范围，则触发异常报警。对于修改时间戳的回放攻击行为，其检测效果非常明显。对于有能力篡改回放数据中时间戳信息的攻击者来说，其回放数据中所携带的水印信息必然与当前时间戳不符，通过拟合优度检验的算法的分析可引发异常报警器报警。如果攻击者企图同时篡改时间戳、传感器数据和水印数据，在未知通信双方约定好的水印参数和加密函数的情况下，很难伪造出满足与当前时间戳相一致的水印数据。这种情况也容易被异常检测算法检测出来。

# 9.5　数据仿真及结果分析

一个线性时不变离散系统的系统矩阵 $\boldsymbol{A}$、输入矩阵 $\boldsymbol{B}$ 和输出矩阵 $\boldsymbol{C}$ 分别描述为

$$\boldsymbol{A} = \begin{bmatrix} 1 & 0 & 0 \\ 0 & 0.99 & 0 \\ 0 & 0 & 0.99 \end{bmatrix}, \quad \boldsymbol{B} = \begin{bmatrix} 0.05 & 0 & 0 \\ 0 & 0.04 & 0 \\ 0 & 0 & 0.04 \end{bmatrix}, \quad \boldsymbol{C} = \begin{bmatrix} 0.5 & 0.4 & 0.3 \\ 0.3 & 0.2 & 0.1 \\ 0.2 & 0.4 & 0.6 \end{bmatrix}$$

从系统矩阵 $\boldsymbol{A}$ 及其输入、输出矩阵可知，该控制对象为可稳定且可观测的。假定实际对象的状态干扰向量 $\boldsymbol{\eta}(k)$ 和输出干扰向量 $\boldsymbol{\zeta}(k)$ 都服从均值为 0 的正态分布，各个干扰信号之间相互独立。其协方差阵分别表示为

$$\boldsymbol{Q}_p = \mathrm{dig}(0.01^2, 0.02^2, 0.03^2) \tag{9-24}$$

$$\boldsymbol{R}_p = \mathrm{dig}(0.012^2, 0.018^2, 0.024^2) \tag{9-25}$$

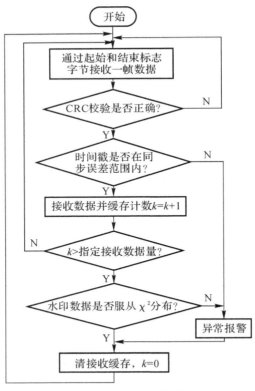

图 9-10 回放攻击检测算法

在没有回放攻击情况下,该系统可在短时间内达到稳定状态。3 个被控参数的检测数据通过检测网络进行传输。这里构建了 3 个虚拟传感器数据用于隐藏水印数据。随机水印数据的产生以时间戳的分钟信息 $T_{min}$ 作为水印时间参数。均值 $u$ 和标准差 $\sigma$ 的产生采用如下两个加密函数:

$$u_i = \theta_{i1} * T_{min}^2 + \theta_{i2} \tag{9-26}$$
$$\sigma_i = \theta_{i3} * T_{min} + \theta_{i4} \tag{9-27}$$

通信双方约定的水印参数的设置见表 9-3。

表 9-3  水印参数的设置

| $i$ | $\theta_1$ | $\theta_2$ | $\theta_3$ | $\theta_4$ |
|---|---|---|---|---|
| 水印数据 1 | 0.005 | 5 | 0.05 | 0.2 |
| 水印数据 2 | 0.002 | 3 | 0.02 | 0.1 |
| 水印数据 3 | 0.001 | 7 | 0.08 | 0.6 |

设定系统采样时间 $T_s$ 为 0.1 s,即每隔 0.1 s 由传感器数据发送器驱动一次数据传输并触发控制器完成一次控制算法。异常检测器每获取 100 个数据后对水印数据 $w_i$($i=1$, 2,3)进行分析和检验。正常情况下在一定时间范围内统计量

$$Z = \sum_{i=1}^{3} \left( \frac{w_i - u_i}{\sigma_i} \right)^2 \tag{9-28}$$

服从自由度为 3 的 $\chi^2$ 分布,即

$$Z \sim \chi^2(3) \tag{9-29}$$

按照 $\chi^2$ 分布表将统计量 $Z$ 的取值概率划分为 14($r=14$)个区域。统计量 $Z$ 在各个区域的取值概率见表 9-4。异常检测算法每隔 10 s 进行一次数据分析,即每次获取到 100 个数据即将该数据作为样本进行数据统计($n=100$)。采样到 $n$ 个数据后分别统计落入各个区域($A_i$)的个数 $n_i$,然后计算统计量:

$$\chi^2 = \sum_{i=1}^{14} \frac{(n_i - np_i)^2}{np_i} \tag{9-30}$$

**表 9-4 卡方分布表中区域概率取值($n=3$)**

| 区域 | $z$ 的的取值范围 | 理论概率 |
|---|---|---|
| A1 | $z \leqslant 0.072$ | 0.005 |
| A2 | $0.072 < z \leqslant 0.115$ | 0.005 |
| A3 | $0.115 < z \leqslant 0.216$ | 0.015 |
| A4 | $0.216 < z \leqslant 0.352$ | 0.025 |
| A5 | $0.352 < z \leqslant 0.584$ | 0.05 |
| A6 | $0.584 < z \leqslant 1.213$ | 0.15 |
| A7 | $1.213 < z \leqslant 2.37$ | 0.25 |
| A8 | $2.37 < z \leqslant 4.108$ | 0.25 |
| A9 | $4.108 < z \leqslant 6.251$ | 0.15 |
| A10 | $6.251 < z \leqslant 7.815$ | 0.05 |
| A11 | $7.815 < z \leqslant 9.348$ | 0.025 |
| A12 | $9.348 < z \leqslant 11.354$ | 0.015 |
| A13 | $11.354 < z \leqslant 12.838$ | 0.005 |
| A14 | $12.838 < z$ | 0.005 |

设置置信度水平 $\alpha = 0.005$,拒绝域门限值为

$$c = \chi_\alpha^2(r-1) = \chi_{0.005}^2(13) = 29.819 \tag{9-31}$$

通过拒绝域

$$W = \{\chi^2 \geqslant c\} \tag{9-32}$$

判断是否存在回放攻击行为。在没有回放攻击的情况下,异常检测器的检验值,即 Pearson 统计量的输出值如图 9-11 所示。从该图中可以看出,在 100 次的检测中有 96 次统计量的检验值都小于报警门限值,Pearson 统计量没有拒绝假设,只有 4 次拒绝了假设,产生了误报。假定有一攻击节点从第 2~5.2 s 开始记录已发出的 30 个数据帧作为攻击数据。从 20 s 开始周期性地以该 30 帧数据向控制器发动回放攻击。假定攻击者篡改了回放数据的时间

戳为实时时间的情况下，Pearson 统计量的输出如图 9-12 所示。从该图可以看出，所有统计量的检验值都超过了报警门限 29.819，拒绝了所有假设且没有发生误报现象。假定攻击节点从第 2～16 s 开始记录 140 组数据作为攻击数据，即延长了攻击的回放周期。攻击者修改了时间戳，并从第 20 s 开始周期性地向控制器发动回放攻击，检测器的 Pearson 统计量的输出如图 9-13 所示。从该图可以看出，所有的检验值也都超过了报警门限值 29.819，拒绝所有假设，没有发生误报现象。

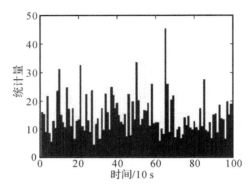

图 9-11　正常情况下的 K. Pearson 统计量

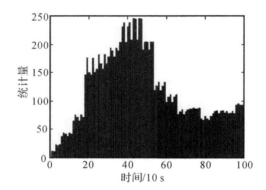

图 9-12　记录周期为 3 s 的 K. Pearson 统计量

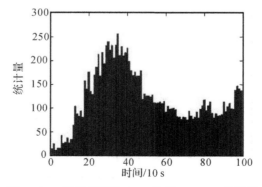

图 9-13　记录周期为 14 s 的 K. Pearson 统计量

# 9.6　本章小结

　　针对网络化控制系统中存在数据回放和数据篡改等攻击行为的可能性，在不影响系统控制特性的情况下，目前尚未发现有效方法能够解决回放攻击行为的实时检测问题。本章提出的通过往数据帧中添加时间戳和水印数据，采用 $\chi^2$ 拟合优度检验策略对水印数据进行判别的方法，能够使异常检测器实时识别回放攻击和数据篡改行为，给出报警信号。通过切换控制策略，控制器可起到保护物理对象的作用。为了实现针对回放攻击行为的主动防御，本章采用了基于加密函数及多个水印参数随机产生水印数据的方法，增加了攻击者破解控制和检测信息的难度。从仿真结果来看，这种保护及检测方法达到了一般工业网络化控制系统的实时检测要求。考虑到作为统计量的水印数据数量对拟合优度检测算法的运算时间有较大影响，对于报警实时性要求较高的网络化控制系统，可采用提高时间戳精度和减少水印数据样本的方法以提高报警实时性能。

　　本章给出的采用增加虚假传感器数量和增加传感器检测数据有效位数的水印数据隐藏方法，具有很强的应用价值。考虑到网络化控制系统中传输的信息都属于短数据帧的实际情况，在未来的研究中还需深入研究水印数据的隐藏策略。对于一些具有蓄意破坏能力的智能化隐秘性攻击和数据篡改行为，还需进一步做专门研究并针对性地给出应对方案。

# 附　　录

**1. 第 6 章的部分仿真程序**

该部分的仿真按照步骤如下 6 个步骤进行。

（1）首先按照图 6－7 在 Simulink 下搭建不加入攻击运行的仿真数学模型（见图 6－8），将产生过程变量的输出值和对应的产生时间记录在文件 yout. mat 和 tout. mat 中，并记录数据长度，将 yout. mat 和 tout. mat 拷贝到 D：dataset 文件夹下。

（2）设置好 Fallget. m 文件中的运行参数，其中 minsupport 表示最小支持数，sampleinterval 表示两次采样的间隔时间，youtlenth 表示 yout. mat 中输出的数据长度，starttime 和 endtime 表示开始和技术采样时刻。同时设置 Fallget. m 中的 maxF 为采样过程变量个数，运行程序 Fallget. m，产生从 starttime 到 endtime 相关文件（dffout. mat，kout. mat，lamda. mat，state. mat）及频繁 1 项集文件 F1. mat。Fallget. m 将调用 Ffileget. m 产生所有频繁项集，即 F 文件。F 文件为标准数据库，即系统在稳定状态下挖掘得到的频繁项集。Fallget. m 程序描述如下：

％该函数用于产生原始的频繁项集，即 F 文件

％系统振荡周期为 562 s

youtlenth＝5049；％仿真完数据长度

starttime＝2000；％；仿真起始时间

endtime＝4000；％仿真结束时间

sampleinterval＝5；％两次采样间隔设为 5 s

minsupport＝210；％最小支持度

datacount＝floor（（endtime－starttime）/sampleinterval）－1；％挖掘时间内采样个数，挖掘时间设为 200 s，66 个采样

initfile（youtlenth，starttime，endtime，sampleinterval，minsupport）；

Ffileget（minsupport，datacount）；

Fallget. m 中调用的 initfile 程序描述如下：

％产生所有过程变量的变化向量及原始数据

function initfile（youtlenth，starttime，endtime，sampleinterval，minsupport）

```
inputfilename='yout. mat';
outputfilename='kout. mat';
timefilename='tout. mat';
datalenth= youtlenth;
lenth= onesecondcut(datalenth,starttime,endtime,inputfilename,timefilename,outputfilename);%取出 2
000 s 的数据
disp('稳定数据采样 ok! ');%信息提示
inputfilename='kout. mat';
outputfilename='dffout. mat';
len= getdatadiff(lenth,sampleinterval,inputfilename,outputfilename);% sampleinterval= 25 s 计算变化
状态
disp('偏差计算处理 ok! ');
lamda(datalenth,sampleinterval,1,3000,4000);%k= 0.5
disp('临界数据 ok! ');
dfffile='dffout. mat';
lamdafile='lamda. mat';
statefile='state. mat';
stateget(len,dfffile,lamdafile,statefile);
disp('状态变化数据 ok! ');
datalen= len;
outputfilename='F1. mat';
getoneitem(statefile,minsupport,datalen,outputfilename);
disp('F1 数据 ok! ');
end
```

　　该程序中的函数 onesecondcut 用于每秒采样一次数据,返回值为产生数据的个数,函数 getdatadiff 用于获取一定时间段的数值型变量的差值和开关量获取变化状态,函数 Lamda 用于找出区域划分的分界值,其中每个模拟量有 4 个分界值。函数 stateget 用于取得各个状态变量的状态变化指示值,函数 getoneitem 用于获得频繁 1 项集,即统计出频繁 1 项集出现的项目。限于篇幅,这里不给出上述函数的具体描述。函数 Ffileget 的描述如下:

```
%函数,产生所有频繁项集文件
function Ffileget(minsupport,datacount)
datalen= datacount;
statefile='state. mat';
    str1='F';
    str4='. mat';
    maxF= 6;
for i=1:maxF%11 次循环 F2-F7
        str2= num2str(i);
        str3= num2str(i+1);
```

```
        str=[str1,str2,str4];
    inputfilename=str;
        str=[str1,str3,str4];
    outputfilename=str;
if convert(minsupport,datalen,statefile,inputfilename,outputfilename)>0
        str=[str1,str3,str4,'文件 ok! '];
        disp(str);
else
        disp('F 文件产生结束! ');
        break;
    end
end
```

函数 convert 用于从 n 维频繁集产生 n+1 维频繁集,描述如下:

```
%函数,从 n 维频繁集产生 n+1 维频繁集
%minsupport 最小支持数
%datalen 记录长度
%inputfilename 输入频繁集文件名
%outputfilename 输出频繁集文件名
%返回值:返回频繁集长度
function y=convert(minsupport,datalen,statefile,inputfilename,outputfilename)
    str1='d:\dataset\';
    str2=inputfilename;
    str3=statefile;
    str=[str1,str2];
    L1=load(str);
    str=[str1,str3];
    A=load(str);%装入状态值
     m=4;
        %装入状态向量
for i=1:datalen%674 记录数
    for j=1 ; 7
        S(i,j)= A.state(i,j)+m*(j-1)+1;%取值范围 1-28,状态表输出
    end
end
dimens= L1.dimens;%读出维度
lenth=L1.lenth;%读出长度
for i=1:lenth
    for j=1:dimens
        inputvector(i).v(j)=L1.outputvector(i).v(j);%读出所有向量
```

```
end
    inputvector(i). count＝L1. outputvector(i). count;%读出向量的个数
end


%链接步
[amount,Foutputvector]＝joint(inputvector,dimens,lenth);
%统计大于最小支持数的组合(剪枝步)
  for l＝1:amount%一个一个找
    n＝0;
    for i＝1:datalen%674
      %初始化找到标记
for k＝1:dimens＋1
    findmark(k)＝0;%
end
%寻找某一向量
for j＝1 : 7
  for k＝1:dimens＋1%从产生的新的向量中找
    if Foutputvector(l). v(k)＝＝S(i,j)
      findmark(k)＝1;
    end
  end
end
%统计个数
m＝1;
for k＝1:dimens＋1
    if findmark(k)＝＝0
      m＝0;%没有找到标志
    end
end
if m＝＝1%全部找到标志
        n＝n＋1;
    end
  end
  Foutputvector(l). count＝n;
end


%剪掉小于最小支持度的变化向量
k＝0;
for i＝1:amount
```

```
if Foutputvector(i).count>=minsupport
  k=k+1;
  for j=1:dimens+1
    outputvector(k).v(j)=Foutputvector(i).v(j);
  end
    outputvector(k).count=Foutputvector(i).count;
  end
end
if k==0
  disp('没有输出产生！');
  y=0;
  return;%退出当前函数
end
  dimens=dimens+1;
  lenth=k;
  str3='d:\dataset\';
  str4=outputfilename;
  outstr=[str3,str4];
 save(outstr,'dimens','lenth','outputvector');%结果输出
 y=lenth;
   end%函数结束
```

（3）在图 6-8 加入攻击运行 Simulin,产生新的 yout.mat 和 tout.mat,记录数据长度 youtlenth。将 yout.mat 和 tout.mat 拷贝到 D:dataset/1 文件夹下。将 D:dataset 文件夹下的子文件夹/1 复制后粘贴 9 次,改名为/2,/3,...,/10。

（4）设置 AFILEall.m 文件中的参数。

```
sampleinterval=5;%采样间隔设为 3 s
minsupport=51;%支持数半数
youtlenth=5110;%6249;
Osciperiod=500;%数据挖掘间隔;
```

将 AF1get.m 中的偏移因子 $k$ 设置为1,运行 AFILEall.m 文件。在 D:dataset/1/2···/10 这几个文件夹下产生 10 个时间段的实时频繁项集。

（5）将 testfunction.m 文件中的 Flen 设置为标准频繁项集中的最大频繁数（如最大为频繁 7 项集就设定 Flen=7）,运行 testfunction.m 完成比对程序,通过 MATLAB 输出读取 10 个实时挖掘时间段的可靠性参数。testfunction.m 的描述如下：

```
Flen=7;%标准频繁项集长度
  x=load('d:\dataset\Flength.mat');
  u=ones(10,1);
  s=ones(10,1);
```

```
for i＝1:10
    dirstr＝['d:\dataset\',num2str(i),'\'];
        AFlen＝x. len(i);%采样频繁项集的长度
        disp(['比对第',num2str(i),'挖掘时间段']);
            u(i)＝i;
        s(i)＝likedegree(Flen,AFlen,dirstr);
        disp(['第',num2str(i),'可靠性计算为:',num2str(s(i))]);
end
    bar(u,s);
    xlabel('Time( ∗ 500 seconds)');
    ylabel('Reliability Parameter');
    set(get(gca,'XLabel'),'FontSize',16);%图上文字为 8 point 或小 5 号
    set(get(gca,'YLabel'),'FontSize',16);
    set(gca,'FontSize',16);
```

（6）运行 stepwaveget. m 获取阶跃信号作用下的阶跃响应曲线,得到图形输出。stepwaveget. m 的描述如下:

```
        t＝ones(5000,1);
        w＝ones(5000,1);
        q＝ones(5000,1);
        v＝ones(5000,1);
        s＝ones(5000,1);
        l＝ones(5000,1);
        MState＝ones(5000,1);
    datalenth＝5180;
str1＝'d:\dataset\1\';
str2＝'yout. mat';
str3＝'tout. mat';
str＝[str1,str2];
y＝load(str);
str＝[str1,str3];
x＝load(str);
for i＝1:datalenth %共 datalenth 个数据
    t(i)＝x. tout(i,1);%读出时间值
    w(i)＝y. yout(i,1);
    q(i)＝y. yout(i,2);
    v(i)＝y. yout(i,3);
    s(i)＝y. yout(i,4);
    l(i)＝y. yout(i,5);
    MState(i)＝y. yout(i,7);
```

```
end
    plot(t,w,'Color',[1 0 0],'LineWidth',2);%红色
    holdon;
    plot(t,q,'Color',[0 1 0],'LineWidth',2);%绿色
    holdon;
    plot(t,v,'Color',[1 0 1],'LineWidth',2);%色
    holdon;
    plot(t,s,'Color',[0.5 0.1 0.5],'LineWidth',2);
    hold on;
    plot(t,l,'Color',[0 0 1],'LineWidth',2);%蓝色
    hold on;
legend('Opening of Valve1(%)','Flow rate of Q1','Opening of Valve2(%)','Flow rate of Q2','Liquid Level');
    xlabel('Time(Seconds)');
    ylabel('');
    axis([0 5000 0 70]);% 设置坐标轴在指定的区间
    set(get(gca,'XLabel'),'FontSize',16);%图上文字为 8 point 或小 5 号
    set(get(gca,'YLabel'),'FontSize',16);
    set(gca,'FontSize',16);
```

### 2. 第 7 章部分仿真程序

在图 7-10 中,基于 LQ 跟踪的闭环控制系统,主要由状态观测器和最优跟踪控制器两部分构成。其中状态观测器模块的描述如下:

```
%状态观测器函数
    function xt=stateobserver(ut,yt,time)
    A=[-1/6,0,0;1/3,-1/3,0;0,1/150,-1/150];
    PA=[-1,-1,-1];%期望极点
    B=[1/6;0;0];
    C=[0,0,1];
    I=[1,0,0;0,1,0;0,0,1;];
    D=[0,0,0;0,0,0;0,0,0;];
    Ag=A';
    Bg=C';
    K=acker(Ag,Bg,PA);%得到反馈矩阵
    L=K';
    q=A-L*C;
    s=B*ut+L*yt;
    xt=getplantstate(q,I,s,time);
```

```
function xt＝getplantstate(A,B,ut,time)
    symst tau;%定义积分变量,中间不用逗号
    t＝time;
    x0＝[0;0;0];
    digits(5);%5 位有效数字
    xt＝vpa(expm(A * t) * x0＋int(expm(A * (t－tau)) * B * ut,tau,0,t));%积分
```

LQ 最优跟踪控制器模块的描述为:

```
function u＝ fcn(t,x1,x2,x3,yr)
persistent k;
persistent m;
persistent xh1;
persistent xh2;
persistent xh3;
A＝[－1/6,0,0;1/3,－1/3,0;0,1/150,－1/150];
B＝[1/6;0;0];
C＝[0,0,1];
Q＝1;%
R＝1;
LKTQ＝(C') * Q * C;
[l s e]＝lqr(A,B,LKTQ,R);
P＝s;
E＝P * B * inv(R) * B'－A';
IE＝inv(E);
K＝inv(R) * B' * P;
    if isempty(m)
        m＝0;
    end
if isempty(xh1)
    xh1＝0;
end
if isempty(xh2)
    xh2＝0;
end
if isempty(xh3)
    xh3＝0;
end
if isempty(k)
    k＝0;
```

```
    else
if mod(t,1)==0  %每 1 s 产生一次计算输出
        k=k+1;
        xh1=x1;xh2=x2;xh3=x3;
        g=IE * C * Q * yr;%
        con=inv(R) * B * g;
            m=K * [xh1;xh2;xh3]+2 * con;
        end
    end
u=m;
```

跟踪控制器输入设定值 $y_r$ 的产生按照如下模块来进行,即采样当前值前 20 次的均值作为当前跟踪值。

```
    function yr= fcn(t,y)
    persistent k;
    persistent yk1;
    persistent yk2;
    persistent yk3;
    persistent yk4;
    persistent yk5;
    persistent yk6;
    persistent yk7;
    persistent yk8;
    persistent yk9;
    persistent yk10;
    persistent yk11;
    persistent yk12;
    persistent yk13;
    persistent yk14;
    persistent yk15;
    persistent yk16;
    persistent yk17;
    persistent yk18;
    persistent yk19;
    persistent yk20;
    persistent junzhi;
        if isempty(yk1)
            yk1=0;
        end
```

```
if isempty(yk2)
        yk2=0;
end
if isempty(yk3)
        yk3=0;
end
if isempty(yk4)
        yk4=0;
end
if isempty(yk5)
        yk5=0;
end
if isempty(yk6)
        yk6=0;
end
if isempty(yk7)
        yk7=0;
end
if isempty(yk8)
        yk8=0;
end
if isempty(yk9)
        yk9=0;
end
if isempty(yk10)
        yk10=0;
end
if isempty(yk11)
        yk11=0;
end
if isempty(yk12)
        yk12=0;
end
if isempty(yk13)
        yk13=0;
end
if isempty(yk14)
        yk14=0;
end
```

```
if isempty(yk15)
        yk15＝0；
end
if isempty(yk16)
        yk16＝0；
end
if isempty(yk17)
        yk17＝0；
end
if isempty(yk18)
        yk18＝0；
end
if isempty(yk19)
        yk19＝0；
end
if isempty(yk20)
        yk20＝0；
end
if isempty(junzhi)
        junzhi＝0；
end
if isempty(k)
    k＝0；
else
if mod(t,1)＝＝0
    k＝k+1；
    yk1＝yk2；
    yk2＝yk3；
    yk3＝yk4；
    yk4＝yk5；
    yk5＝yk6；
    yk6＝yk7；
    yk7＝yk8；
    yk8＝yk9；
    yk9＝yk10；
    yk10＝yk11；
    yk11＝yk12；
    yk12＝yk13；
    yk13＝yk14；
```

```
      yk14＝yk15；
      yk15＝yk16；
      yk16＝yk17；
      yk17＝yk18；
      yk18＝yk19；
      yk19＝yk20；
      yk20＝y；
  end
if mod(t,20)＝＝0    junzhi＝(yk1＋yk2＋yk3＋yk4＋yk5＋yk6＋yk7＋yk8＋yk9＋yk10＋yk11＋
yk12＋yk13＋yk14＋yk5＋yk16＋yk17＋yk18＋yk19＋yk20)/20；
      end
end
  yr＝junzhi；
```

## 3. 第 8 章部分仿真程序

本章将被控物理对象、控制网络及检测网络均建模为离散模型条件下实现了闭环控制，闭环控制系统的仿真通过 syssim. m 实现，其具体描述如下。

```
％系统仿真,通过卡尔曼滤波估计状态
T＝20；％计算步长,s
Ts＝0.1；％采样时间为 0.1s
A＝[－1/20,0,0;0,－1/15,0;0,0,－1/10]；％实际对象矩阵
B＝[1/2,0,0;0,2/5,0;0,0,2/5]；％输入系统
C＝[0.5,0.4,0.3;0.3,0.2,0.1;0.2,0.4,0.6]；％输出系统
D＝0；
p＝3；q＝3；n＝3；％p 维输入 q 维输出
N＝21；
r1＝0；％均值的估计
r2＝0；％均值的估计
r3＝0；％均值的估计
sigma1＝0；％方差的估计
sigma2＝0；％方差的估计
sigma3＝0；％方差的估计
w＝[0.69,0.77,0.75,0.32,0.51,0.77,0.57,0.95,0.17,0.91,0.75,0.29,0.63,0.46,0.13,0.55,0.
97,0.44]；
％状态干扰信号的标准差
xstd1＝0.1；
xstd2＝0.2；
xstd3＝0.3；
％输出干扰信号的标准差
```

```
ystd1＝0.12；
ystd2＝0.18；
ystd3＝0.24；
%获得具体的系统表述,A,B,C 为真实的连续系统描述
[sysA,sysB,sysC,sysD,Cp,F]＝sysget(A,B,C,p,q,n,Ts,w)；
x10high＝100；%状态值上限
x11high＝200；
x12high＝300；
h＝0；
P0＝eye(N)；%初始协方差阵
v0＝[656.4；1741.4；2493.3]；%初始值设定
x0＝zeros(21,1)；%状态初始值
xhat_＝zeros(21,1)；%初始状态设置
xhat＝zeros(21,1)；%初始状态设置
xF＝zeros(21,1)；
f＝zeros(21,1)；%数据注入信号
gaosi＝zeros(21,1)；%产生的高斯信号
u0＝[1；1；1]；%初始输入向量
xk_＝x0；%x(k－1)
uk_＝u0；
Pk_＝eye(N)；
dTime＝[0；Ts；T]'；%设置的时间坐标
u＝ones(3,length(dTime))'；%设置的输入信号
x＝zeros(21,length(dTime))'；%设置的状态信号
xForecast＝zeros(21,length(dTime))'；%一步预测状态
xguji＝zeros(21,length(dTime))'；
f1＝zeros(21,length(dTime))'；%设置数据注入及干扰信号
xp＝zeros(3,length(dTime))'；%设置实际对象 Ap 的状态信号
yp＝zeros(3,length(dTime))'；%设置实际对象输出信号
y＝zeros(3,length(dTime))'；%设置的输出信号
v1＝v0(1) * ones(1,length(dTime))'；%创建一个 ones(m,n)为创建一个 m * n 的 1 矩阵
v2＝v0(2) * ones(1,length(dTime))'；
v3＝v0(3) * ones(1,length(dTime))'；
v＝[v1,v2,v3]；%反馈后的输入值的时间表述
[Q,R]＝QRget(xstd1,xstd2,xstd3,ystd1,ystd2,ystd3)；%基于实际对象干扰信号的标准差产生整个
系统所需协方差
%获得系统响应
for k＝1：T * 10＋1    %循环的控制周期
    u(k,：)＝(v(k,：)'－F * xhat_)'；%有卡尔曼的反馈 u(k－1)＝v－F * xhat(k－1)
```

```
uk_=u(k,:)´;%u(k-1),用于卡尔曼估计
xF=sysA * xhat_+sysB * uk_;%一步预测的状态
xk=sysA * xk_+sysB * uk_+disget(xstd1,xstd2,xstd3,ystd1,ystd2,ystd3)+f;%获取状态值
%上下限物理限制
  if xk(10,1)<0
    xk(10,1)=0;
  end
  if xk(10,1)>x10high
    xk(10,1)=x10high;
  end
  if xk(11,1)<0
    xk(11,1)=0;
end
if xk(11,1)>x11high
    xk(11,1)=x11high;
  end
  if xk(12,1)<0
    xk(12,1)=0;
  end
  if xk(12,1)>x12high
    xk(12,1)=x12high;
  end
  yk=sysC * xk;%系统输出值
  xForecast(k,:)=xF´;%记录一步预测状态
  x(k,:)=xk´;%记录数据
  y(k,:)=yk´;
  xp(k,:)=[x(k,10);x(k,11);x(k,12)];
  [xhat,Pk,Pk1,K]=kalmanest(sysA,sysB,sysC,Q,R,xhat_,Pk_,uk_,yk);%卡尔曼滤波器,
sysA,sysB,sysC 为离散化后的系统描述
  xguji(k,:)=xhat´;%状态估计值
  format bank
  %卡尔曼滤波参数的递归
  Pk_=Pk;%P(k-1)=P(k)
  xhat_=xhat;
  xk_=xk;%状态的递归
end
  yp=(Cp * xp´)´;%实际物理对象的输出
  %物理参数输出指示
  plot(dTime,yp(:,1),´Color´,[0 1 0],´LineWidth´,2);%绿色曲线
```

```
    hold on;
    plot(dTime,yp(:,2),'Color',[0 0 1],'LineWidth',2);%蓝色
    hold on;
    plot(dTime,yp(:,3),'Color',[1 0 0],'LineWidth',2);%蓝色
    hold on;
    legend('\fontsize {10}yp1','\fontsize {10}yp2','\fontsize {10}yp3','location','NorthEast');
    legend('boxoff');
    xlabel('时间(秒)'),ylabel('被控参数输出值');
    set(get(gca,'XLabel'),'FontSize',16);%图上文字为 8 point 或小 5 号
    set(get(gca,'YLabel'),'FontSize',16);
    set(get(gca,'title'),'FontSize',16);
    set(gca,'FontSize',16);
```

函数 sysget() 用于获取广义对象的离散化模型,其输入参数 $A$、$B$、$C$ 为 MIMO 物理对象的系统矩阵,$p$ 和 $q$ 为对应输入和输出维数,$n$ 为状态空间维数。$T_s$ 为采样时间,$w$ 为路径传输系数。返回值 sysA,sysB,sysC,sysD 为包含了控制网络和检测网络的广义对象模型,$C_p$ 为物理对象的输出矩阵,$F$ 为状态反馈矩阵。具体程序代码如下:

```
    function [sysA,sysB,sysC,sysD,Cp,F]=sysget(A,B,C,p,q,n,Ts,w)%Ts 为系统采样时间
    [G,H]=c2d(A,B,Ts);%物理系统离散化
    Ap=G;
    Bp=H;
    Cp=C;
    dI1=3;dI2=3;dI3=3;
    dI=dI1+dI2+dI3;
    dO1=3;dO2=3;dO3=3;
    dO=dO1+dO2+dO3;
    N=dI+n+dO;
%选定的参数,路径传输系数
WA11=w(1);
WA22=w(2);
WA33=w(3);
WA12=1;
WA23=1;
AI1=[WA11,0,0;WA12,WA22,0;0,WA23,WA33];
WB11=w(4);
WB22=w(5);
WB33=w(6);
WB12=1;
WB23=1;
```

AI2＝[WB11,0,0;WB12,WB22,0;0,WB23,WB33];

WC11＝w(7);

WC22＝w(8);

WC33＝w(9);

WC12＝1;

WC23＝1;

AI3＝[WC11,0,0;WC12,WC22,0;0,WC23,WC33];

AI＝diagM(AI1,AI2,AI3);

BI1＝[1;0;0];

BI2＝[1;0;0];

BI3＝[1;0;0];

BI＝diagB(BI1,BI2,BI3);

CI1＝[0,0,1];

CI2＝[0,0,1];

CI3＝[0,0,1];

CI＝diagC(CI1,CI2,CI3);

%输出网络参数设置

SA11＝w(10);

SA22＝w(11);

SA33＝w(12);

SA12＝1;

SA23＝1;

AO1＝[SA11,0,0;SA12,SA22,0;0,SA23,SA33];

SB11＝w(13);

SB22＝w(14);

SB33＝w(15);

SB12＝1;

SB23＝1;

AO2＝[SB11,0,0;SB12,SB22,0;0,SB23,SB33];

SC11＝w(16);

SC22＝w(17);

SC33＝w(18);

SC12＝1;

SC23＝1;

AO3＝[SC11,0,0;SC12,SC22,0;0,SC23,SC33];

AO＝diagM(AO1,AO2,AO3);

BO1＝[1;0;0];

BO2＝[1;0;0];

BO3＝[1;0;0];

```
BO＝diagB(BO1,BO2,BO3);
CO1＝[0,0,1];
CO2＝[0,0,1];
CO3＝[0,0,1];
CO＝diagC(CO1,CO2,CO3);
sysA1＝[AI,zeros(dI,n),zeros(dI,dO)];
sysA2＝[Bp*CI,Ap,zeros(n,dO)];
sysA3＝[zeros(dO,dI),BO*Cp,AO];
%综合后的系统
sysA＝[sysA1;sysA2;sysA3];
sysB＝[BI;zeros(n,3);zeros(dO,3)];%输入为 3 维
sysC＝[zeros(3,dI),zeros(3,n),CO];
sysD＝zeros(q,p);
%定义指标矩阵
    Q＝eye(N);
    R＝eye(p);
%以下获取增广后的矩阵
    OdIn＝zeros(dI,n);%创建一个零矩阵,zeros(m,n)为创建一个 n*q 矩阵
    AIp＝[AI,OdIn;Bp*CI,Ap];
    Onp＝zeros(n,p);%创建一个零矩阵,zeros(m,n)为创建一个 n*q 矩阵
    BIp＝[BI;Onp];
    OqdI＝zeros(q,dI);%创建一个零矩阵,zeros(m,n)为创建一个 n*q 矩阵
    CIp＝[OqdI,Cp];
    DIp＝zeros(q,p);
    [F,S,e]＝dlqr(sysA,sysB,Q,R,0);%黎卡提方程求解
end
```

函数 QRget()用于产生对应的协方差阵。具体程序代码如下:

```
% r1,r2,r3 为实际对象状态干扰的标准差
% q1,q2,q3 为实际对象输出干扰的标准差
% Q 为真是对象的状态干扰协方差阵
% R 为真是对象的输出干扰协方差阵
%返回值
%f 为输入及输出通道注入信号向量组,kesai 为实际对象输出通道干扰向量组
    function [Q,R]＝QRget(r1,r2,r3,q1,q2,q3)
    dI1＝3;dI2＝3;dI3＝3;
    dI＝dI1＋dI2＋dI3;
    dO1＝3;dO2＝3;dO3＝3;
    A1＝zeros(dI,dI);
```

```
A2=diag([r1^2;r2^2;r3^2]);%只能将列向量变成对角阵
A3=q1^2;
A4=zeros(dO1-1,dO1-1);
A5=q2^2;
A6=zeros(dO2-1,dO2-1);
A7=q3^2;
A8=zeros([dO3-1,dO3-1]);
Q=blkdiag(A1,A2,A3,A4,A5,A6,A7,A8);
R=diag([0;0;0]);
end
```

卡尔曼状态估计器 kalmanest()用于获取状态估计,其核心算法为卡尔曼滤波器,返回值 x_hat 表示获得的当前的状态估计向量。

```
%函数,卡尔曼估计器,A 为系统矩阵,Q 为控制通道干扰性号 n*n 协方差矩阵
%R 为量测噪声 q*q 协方差矩阵,u 为 u(k),y 为 y(k)取值,q 为系统输出维数
%xk 为上一步的估计量(x_hat(k-1)),Pk 为上一步的协方差矩阵 P(k-1),n*n 矩阵
%Ts 为采样时间值
%输出 x_hat 为状态估计向量,P 为下次迭代用的误差协方差阵
function [x_hat,P,Pkk,K]=kalmanest(A,B,C,Q,R,xk,Pk,u,yk)
    xk_hat=A*xk+B*u;%一步最优估计
    Pk_=A*Pk*A'+Q;%计算先验误差协方差矩阵
    Kk=Pk_*C'*inv(C*Pk_*C'+R);%计算卡尔曼增益矩阵
    x_hat=xk_hat+Kk*(yk-C*xk_hat);%计算状态向量估计值
    n=size(A);
    P=(eye(n)-Kk*C)*Pk_;%下一步计算的误差协方差矩阵
    Pkk=Pk_;%输出先验误差协方差矩阵
    K=Kk;
end
```

### 4. 第 9 章部分仿真程序

本章仍考虑被控物理对象为离散模型条件下的闭环控制,闭环控制基于卡尔曼滤波器实现状态估计,闭环系统的具体描述如下:

```
%系统仿真,通过卡尔曼滤波估计状态
Ts=0.1;%采样时间为 0.1s
min=0;%分钟值
lastmin=0;
l=0;
n1=0;
```

```
t1=0;%统计量的时间轴
recordtime=30;%记录周期,单位为 0.1s
recordstart=20;%记录开始时刻
replaystart=200;%回放起始时间
replayattack=0;
for i=1:recordtime
    recorddata1(i)=0;
    recorddata2(i)=0;
    recorddata3(i)=0;
end
for i=1:99
    t(i)=i;
    chi2tongji(i)=0;
end
A=[-1/20,0,0;0,-1/15,0;0,0,-1/10];%实际对象矩阵
B=[1/2,0,0;0,2/5,0;0,0,2/5];%输入系统
C=[0.5,0.4,0.3;0.3,0.2,0.1;0.2,0.4,0.6];%输出系统
D=0;
p=3;q=3;n=3;%p维输入 q维输出
N=3;
[sysA,sysB,sysC,sysD]=plantget(A,B,C,p,q,Ts);%离散化
Cp=C;
F=Fget(sysA,sysB,sysC);%状态反馈矩阵
%干扰信号的标准差
xstd1=0.01;xstd2=0.02;xstd3=0.03;ystd1=0.012;ystd2=0.018;ystd3=0.024;
h=0;
P0=eye(N);%初始协方差阵
v0=[6.4;17.4;24.3];%初始值设定
x0=zeros(3,1);%状态初始值
xhat_=zeros(3,1);%初始状态设置
xhat=zeros(3,1);%初始状态设置
xF=zeros(3,1);
f=zeros(3,1);%数据注入信号
gaosi=zeros(3,1);%产生的高斯信号
u0=[1;1;1];%初始输入向量
xk_=x0;%x(k-1)
uk_=u0;
Pk_=eye(N);
T=1000;%800;%计算步长,s
```

```
dTime=[0:Ts:T]';%设置的时间坐标
u=ones(3,length(dTime))';%设置的输入信号
x=zeros(3,length(dTime))';%设置的状态信号
xForecast=zeros(3,length(dTime))';%一步预测状态
xguji=zeros(3,length(dTime))';%状态估计
f1=zeros(3,length(dTime))';%设置数据注入及干扰信号
xp=zeros(3,length(dTime))';%设置实际对象 Ap 的状态信号
yp=zeros(3,length(dTime))';%设置实际对象输出信号
y=zeros(3,length(dTime))';%设置的输出信号
cancha=zeros(3,length(dTime))';%设置的残差输出信号
z=zeros(1,length(dTime))';%卡方分布的 z
zl=zeros(1,length(dTime))';
Attacklabel=zeros(1,length(dTime))';%数据注入标志
v1=v0(1)*ones(1,length(dTime))';%创建一个 ones(m,n)为创建一个 m*n 的 1 矩阵
v2=v0(2)*ones(1,length(dTime))';
v3=v0(3)*ones(1,length(dTime))';
v=[v1,v2,v3];%反馈后的输入值的时间表述
[Q,R]=QRget(xstd1,xstd2,xstd3,ystd1,ystd2,ystd3);%基于实际对象干扰信号的标准差产生整个
系统
attack=0;
lujinnum=0;
for k=1:T*10+1
        min=getrealmin(k);%获得时间戳分钟值
    u(k,:)=(v(k,:)'-F*xk_)';%无卡尔曼的直接反馈
    u(k,:)=(v(k,:)'-F*xhat_)';%有卡尔曼的反馈 u(k-1)=v-F*xhat(k-1)
    uk_=u(k,:)';%u(k-1),用于卡尔曼估计
    xF=sysA*xhat_+sysB*uk_;%一步预测的状态
    dis1=disxget(xstd1,xstd2,xstd3);
    xk=sysA*xk_+sysB*uk_+dis1;%    x(k)=Ax(k-1)+B*u(k-1)
    dis2=disyget(ystd1,ystd2,ystd3);
    yk=sysC*xk+dis2;%          y(k)=Cx(k)
%残差
    cank=yk-sysC*(sysA*xhat_+sysB*uk_);% r=y(k)-C*(A*xhat(k-1)+B*u(k-1))
    xForecast(k,:)=xF';%记录一步预测状态
    x(k,:)=xk';%记录数据
    y(k,:)=yk';
    cancha(k,:)=cank';
    xp(k,:)=[x(k,1);x(k,2);x(k,3)];
    [xhat,Pk,Pk1,K]=kalmanest(sysA,sysB,sysC,Q,R,xhat_,Pk_,uk_,yk);%卡尔曼滤波器
```

```
xguji(k,:)=xhat';
formatbank
kesai=sysC * Pk1 * sysC;%输出基于稳定后的先验误差协方差阵计算出的输出残差的协方差
Pk_=Pk;%P(k-1)=P(k)
xhat_=xhat;
xk_=xk;%状态的递归
u1=0.005 * min * min+5;
std1=0.05 * min+0.2;
u2=0.002 * min * min+3;
std2=0.02 * min+0.1;
u3=0.001 * min * min+7;
std3=0.08 * min+0.6;
    waterdata1=normrnd(u1,std1);%水印数据
    waterdata2=normrnd(u2,std2);
    waterdata3=normrnd(u3,std3);
    %记录数据
    if (k>=recordstart) && (k<recordstart+recordtime)
        recorddata1(k-recordstart+1)=waterdata1;
        recorddata2(k-recordstart+1)=waterdata2;
        recorddata3(k-recordstart+1)=waterdata3;
end
if k>=replaystart%回放攻击开始
        n1=n1+1;
        waterdata1=recorddata1(n1);%水印数据
        waterdata2=recorddata2(n1);
        waterdata3=recorddata3(n1);
            if n1==recordtime
                n1=0;
        end
end


%数据注入判断
    c=29.819;%置信度0.005
    if(min==lastmin)%如果分钟值不发生变化
        %k=1~599
        l=l+1;
        if l==101
            l=1;
        end
```

```
else
    l=1;
end
```

$z(l,:) = ((waterdata1 - u1)/std1)^2 + ((waterdata2 - u2)/std2)^2 + ((waterdata3 - u3)/std3)^2;$ %卡方值

```
%够 100 个计算统计值
if l==100
    t1=t1+1;
    chi2tongji(t1)=chi2Statistic(z,100);
end
lastmin=min;
end


yp=(Cp * xp)';
bar(t,chi2tongji);
holdon;
xlabel('Time( * 10seconds)'),ylabel('Statistical value'),title('');
set(get(gca,'XLabel'),'FontSize',16);%图上文字为 8 point 或小 5 号
set(get(gca,'YLabel'),'FontSize',16);
set(get(gca,'title'),'FontSize',16);
set(gca,'FontSize',16);
```

函数 Fget()产生状态反馈矩阵,其描述如下:

```
%函数,基于最优控制获取离散离卡提方程的最优状态反馈
function F=Fget(A,B,C)
    %定义指标矩阵
    [N,M]=size(A);
    [p,n]=size(C);
    Q=eye(N);
    R=eye(p);
    [F,S,e]=dlqr(A,B,Q,R,0);%黎卡提方程求解
end
```

函数 QRget()用于产生系统中的干扰

```
function [Q,R]=QRget(r1,r2,r3,q1,q2,q3)
    Q=diag([r1;r2;r3]);
    R=diag([q1;q2;q3]);
End
```

函数 chi2Statistic 用于计算 $\chi^2$ 统计量。

%拟合优度检验,求取一个数据的卡方统计量

```
function chi2value＝chi2Statistic(z,length)
r＝14;
k＝0;
cha＝0;
N＝length;
%理论概率
p(1)＝0.005;p(2)＝0.005;p(3)＝0.015;p(4)＝0.025;p(5)＝0.05;p(6)＝0.15;p(7)＝0.25;p(8)＝
0.25;p(9)＝0.15;p(10)＝0.05;p(11)＝0.025;p(12)＝0.015;p(13)＝0.005;p(14)＝0.005;
%卡方查表值
chi2(1)＝0.072;chi2(2)＝0.115;chi2(3)＝0.216;chi2(4)＝0.352;chi2(5)＝0.584;chi2(6)＝1.213;
chi2(7)＝2.37;chi2(8)＝4.108;chi2(9)＝6.251;chi2(10)＝7.815;chi2(11)＝9.348;chi2(12)＝11.354;
chi2(13)＝12.838;
n(1)＝0;n(2)＝0;n(3)＝0;n(4)＝0;n(5)＝0;n(6)＝0;n(7)＝0;n(8)＝0;n(9)＝0;n(10)＝0;n(11)
＝0;n(12)＝0;n(13)＝0;n(14)＝0;
for i＝1:length
    if z(i)<=chi2(1)
        n(1)＝n(1)+1;
    end
    if (chi2(1)<z(i))&&(z(i)<=chi2(2))
        n(2)＝n(2)+1;
    end
    if (chi2(2)<z(i))&&(z(i)<=chi2(3))
        n(3)＝n(3)+1;
    end
    if (chi2(3)<z(i))&&(z(i)<=chi2(4))
        n(4)＝n(4)+1;
    end
    if (chi2(4)<z(i))&&(z(i)<=chi2(5))
        n(5)＝n(5)+1;
    end
    if (chi2(5)<z(i))&&(z(i)<=chi2(6))
        n(6)＝n(6)+1;
    end
    if (chi2(6)<z(i))&&(z(i)<=chi2(7))
        n(7)＝n(7)+1;
    end
```

```
if (chi2(7)<z(i))&&(z(i)<=chi2(8))
    n(8)=n(8)+1;
end
if (chi2(8)<z(i))&&(z(i)<=chi2(9))
    n(9)=n(9)+1;
end
if (chi2(9)<z(i))&&(z(i)<=chi2(10))
    n(10)=n(10)+1;
end
if (chi2(10)<z(i))&&(z(i)<=chi2(11))
    n(11)=n(11)+1;
end
if (chi2(11)<z(i))&&(z(i)<=chi2(12))
    n(12)=n(12)+1;
end
if (chi2(12)<z(i))&&(z(i)<=chi2(13))
    n(13)=n(13)+1;
end
if chi2(13)<z(i)
    n(14)=n(14)+1;
end
end
%计算统计量
for i=1:r
    cha=((n(i)-N*p(i))^2)/(N*p(i));
    k=k+cha;
end
chi2value=k;
end
```

# 参 考 文 献

[1] 张光新,杨丽明,王会芹.化工自动化及仪表[M].北京:化学工业出版社,2016.

[2] 邱占芝,张庆灵.网络控制系统分析与控制[M].北京:科学出版社,2008.

[3] DORF R C,BISHOP R H. Modern control systems[M]. Upper Saddle River: Prentice Hall, 2011.

[4] GOODWIN G C, GRAEBE S F, SALGADO M E. Control system design[M]. New Jersey: Prentice Hall, 2001.

[5] KARNOUSKOS S, COLOMBO A W. Architecting the next generation of service-based SCADA/DCS system of systems[C]//IECON 2011 – 37th Annual Conference of the IEEE Industrial Electronics Society. Melbourne:IEEE, 2011: 359 – 364.

[6] 孙世辉.控制系统在我国工业领域的应用与发展[J].电气时代,2011(7):34 – 36.

[7] WANG J B. A brief survey on networked control systems[C]//IEEE International Conference on Mechatronics & Automation. NEW YORK: IEEE345 E 47TH ST, 2015: 212 – 216.

[8] VITTURI S. On the use of Ethernet at low level of factory communication systems [J]. Computer Standards & Interfaces, 2001, 23(4): 267 – 277.

[9] YANG S H, CHEN X, ALTY J L. Design issues and implementation of internet-based process control systems[J]. Control Engineering Practice, 2003, 11(6): 709 – 720.

[10] FERRARI P, FLAMMINI A, MARIOLI D, et al. A distributed instrument for performance analysis of real-time ethernet networks[J]. IEEE Trans Industrial Informatics, 2008, 4(1): 16 – 25.

[11] PAPADOPOULOS A D, TANZMAN A, BAKER J R A, et al. System for remotely accessing an industrial control system over a commercial communications network: US 6061603[P]. 2000 – 05 – 09.

[12] GALLOWAY B, HANCKE G P. Introduction to industrial control networks[J]. IEEE Communications Surveys & Tutorials, 2013, 15(2): 860 – 880.

[13] GUPTA R A, CHOW M Y. Networked control system: overview and research trends[J]. IEEE Transactions on Industrial Electronics, 2010, 57(7): 2527 – 2535.

[14] 郭楠,贾超.信息物理系统国内外研究和应用综述[J].信息技术与标准化,2017(6):

47 − 50.

[15] 杨挺,刘亚闯,刘宇哲,等.信息物理系统技术现状分析与趋势综述[J].电子与信息学报,2021,43(12):3393 − 3406.

[16] 罗杰,段建民,陈建新.网络化智能测控技术分析与展望[J].微计算机信息,2005(12):26 − 29.

[17] 陈建羽,花卉.现代测控技术及其应用分析[J].信息通信,2014(9):136 − 137.

[18] 张英,司瑞才,曹伟.网络化控制系统研究综述[J].电力科技与环保,2020,36(2):60 − 62.

[19] 黄海燕,余昭旭,何衍庆.集散控制系统原理及应用[M].北京:化学工业出版社,2021.

[20] 郭琼,姚小宁.现场总线技术及其应用[M].北京:机械工业出版社,2021.

[21] OLAKANMIO O，BENYEOGOR M S. Internet based tele-autonomous vehicle system with beyond line-of-sight capability for remote sensing and monitoring[J]. Internet of Things，2019，5:97 − 115.

[22] 陆卫军,黄文君,章维,等.网络化控制系统的安全威胁分析与防护设计[J].自动化博览,2019(2):60 − 65.

[23] 锁延锋,王少杰,秦宇,等.工业控制系统的安全技术与应用研究综述[J].计算机科学,2018,45(4):25 − 33.

[24] CÁRDENASA A，AMIN S，SASTRY S. Research challenges for the security of control systems[C]// Conference on Hot Topics in Security. San Jose：USENIX Association 2008.

[25] CHENT M，ABU N S. Lessons from stuxnet[J]. Computer，2011,44 (4):91 − 93.

[26] CÁRDENAS A A，AMIN S，LIN Z S，et al. Attacks against process control systems：risk assessment，detection，and response[C]//Proceedings of the 6th ACM Symposium on Information，Computer and Communications Security. New York：Association for Computing Machinery，2011:355 − 366.

[27] NTALAMPIRASS. Automatic identification of integrity attacks in cyber-physical systems[J]. Expert Systems with Applications，2016,58:164 − 173.

[28] 万明.工业控制系统信息安全测试与防护技术趋势[J].自动化博览,2014,9:68 − 71.

[29] 夏春明,刘涛,王华忠,等.工业控制系统信息安全现状及发展趋势[J].信息安全与技术,2013,4(2):13 − 18.

[30] 佚名.台积电:受勒索病毒攻击停摆,制造业工控信息安全刻不容缓[J].自动化博览,2018,35(S2):8.

[31] 工信部信息安全协调司.关于加强工业控制系统信息安全管理的通知[EB/OL].[2011 − 09 − 30]. http://www. miit. gov. cn/n1146295/n1652858/n1652930/n3757016/c3760834/content. html.

[32] 工信部信息化和软件服务业司.工业控制系统信息安全行动计划 [EB/OL].[2018 − 01 − 19]. http://www. miit. gov. cn/newweb/n1146290/n4388791/c5996116/content. html.

[33] 张辉,曹丽娜. 现代通信原理与技术[M]. 4 版. 西安:西安电子科技大学出版社,2018.

[34] TANENBAUMA S. 计算机网络[M]. 熊桂喜,王小虎,译. 北京:清华大学出版社,1999.

[35] SONG J, HAN S, ZHU X, et al. Demo abstract: a complete WirelessHart network[C]//6th ACM Conference on Embedded Networked Sensor Systems, Demonstration Session, Raleigh. New York: Association for Computing Machinery,2008:381 - 382.

[36] SONG J, HAN S, MOK A, et al. WirelessHART: applying wireless technology in real-time industrial process control [C]//IEEE Real-Time and Embedded Technology and Applications Symposium. Austin: IEEE, 2008: 377 - 386.

[37] REZHA F P, SHIN S Y. Performance analysis of ISA100. 11a under interference from an IEEE 802. 11 b wireless network [J]. IEEE Transactions on Industrial Informatics, 2014, 10(2): 919 - 927.

[38] ADRIANO J D, ROSARIO E C D, RODRIGUES J J P C. Wireless sensor networks in industry 4. 0: WirelessHART and ISA100. 11a [C]//International Conference on Industry Applications. New York: IEEE345 E 47TH ST, 2018: 924 - 929.

[39] 凌韦伟,李静. 基于 ISA100.11a 协议的工业无线应用在冶金行业的研究与测试[J]. 制造业自动化,2014,36(15):52 - 54.

[40] 阳宪惠. 工业数据通信与控制网络[M]. 北京:清华大学出版社,2003.

[41] 杨更更. Modbus 软件开发实战指南 [M]. 2 版. 北京:清华大学出版社,2021.

[42] 张俊杰. 工业以太网的发展及实际组态应用[J]. 中国仪器仪表,2019(7):59 - 62.

[43] 杜岳涛. TCP/IP 技术下的嵌入式测控终端设计及应用[J]. 自动化与仪器仪表,2016(6):55 - 56.

[44] 杨挺,刘亚闯,刘宇哲,等. 信息物理系统技术现状分析与趋势综述[J]. 电子与信息学报,2021,43(12):3393 - 3406.

[45] 赵宇,周俊武,赵建军. 互联网＋时代下选矿过程检测仪表的智能化趋势[J]. 冶金自动化,2016,40(5):9 - 13.

[46] SUNH Y, SUN J, CHEN J. Analysis and synthesis of networked control systems with random network-induced delays and sampling intervals [J]. Automatica, 2021,125: 109385.

[47] ZHANGD W, ZHOU Z Y, JIA X C. Network-based PI control for output tracking of continuous-time systems with time-varying sampling and network-induced delays [J]. Journal of the Franklin Institute, 2018,355(12): 4794 - 4808.

[48] IONETE C, CELA A, GAID M B. Controllability and observability of linear discrete-time systems with network induced variable delay[J]. IFAC Proceedings Volumes, 2021,41(2): 4216 - 4221.

[49] TANG, LI L, ZHANG H S. Stabilization of networked control systems with both network-induced delay and packet dropout[J]. Automatica, 2015, 59: 194-199.

[50] LIU Y Y, CHE W W, DENG C. Dynamic output feedback control for networked systems with limited communication based on deadband event-triggered mechanism [J]. Information Sciences, 2021, 578: 817-830.

[51] SENTHILKUMAR K, ROY A K, SRINIVASAN K. Event triggered estimator based controller design for networked control system[J]. ISA Transactions, 2022, 126: 80-93.

[52] 顾幸生, 刘漫丹, 张凌波. 现代控制理论及应用[M]. 上海: 华东理工大学出版社, 2008.

[53] 郑大钟. 线性系统理论[M]. 北京: 清华大学出版社, 2015.

[54] LI Q, LI R Y, et al. Kalman filter and its application[C]//8th International Conference on Intelligent Networks and Intelligent Systems (ICINIS). New York: IEEE, 345 E 47TH ST, 2015: 74-77.

[55] FARAGHER R. Understanding the basis of the Kalman filter via a simple and intuitive derivation[J]. IEEE Signal Processing Magazine, 2012, 29(5): 128-132.

[56] BROWN R G, HWANG P Y C. Introduction to random signals and applied Kalman filtering[M]. New York: Wiley, 1992.

[57] MEINHOLD R J, SINGPURWALLA N D. Understanding the Kalman filter[J]. The American Statistician, 1983, 37(2): 123-127.

[58] 徐澄. 面向企业信息安全的网络攻击防范手段研究[J]. 中国电子科学研究院学报, 2020, 15(5): 483-487.

[59] KARNOUSKOS S. Stuxnet worm impact on industrial cyber-physical system security[C]// 37th Annual Conference of the IEEE Industrial Electronics Society. New York: IEEE, 345E 47 TH ST, 2011: 4490-4494.

[60] CRUZ T, BARRIGAS J, PROENÇA J, et al. Improving network security monitoring for industrial control systems [C]//International Symposium on Integrated Network Management (IM). USA: IEEE, 2015: 878-881.

[61] LI M, HUANG W, WANG Y, et al. The study of APT attack stage model[C]// 15th International Conference on Computer and Information Science (ICIS). USA: IEEE, 2016: 1-5.

[62] ZHAO G, XU K, XU L, et al. Detecting APT malware infections based on malicious DNS and traffic analysis[J]. IEEE access, 2015, 3: 1132-1142.

[63] KIM Y H, PARK W H. A study on cyber threat prediction based on intrusion detection event for APT attack detection[J]. Multimedia Tools and Applications, 2014, 71(2): 685-698.

[64] 史旭宁, 姜楠, 蒋青山. SQL 注入式攻击下的数据库安全: SQL Server 下 SQL 注入攻击的有效防范[J]. 电脑知识与技术, 2021, 17(9): 25-26.

[65]　JI K，KIM W. Real-time control of networked control systems via Ethernet[J]. International Journal of Control，Automation，and Systems，2005，3(4)：591－600.

[66]　WU X P，XIE L H. Performance evaluation of industrial Ethernet protocols for networked control application[J]. Control Engineering Practice,2019,84:208－217.

[67]　MALINOWSKI A，YU H. Comparison of embedded system design for industrial applications[J]. IEEE Transactions on Industrial Informatics，2011，7(2)：244－254.

[68]　ZENG W，CHOW M Y. A trade-off model for performance and security in secured networked control systems[C]//International Symposium on Industrial Electronics. USA：IEEE，2011：1997－2002.

[69]　ZHANG L，YU J，DENG Z，et al. The security analysis of WPA encryption in wireless network[C]//2nd International Conference on Consumer Electronics，Communications and Networks (CECNet). USA：IEEE，2012:1563－1567.

[70]　KIRAVUO T，SARELA M，MANNER J. A survey of Ethernet LAN security[J]. IEEE Communications Surveys & Tutorials，2013，15(3)：1477－1491.

[71]　DORAI R，KANNAN V. SQL injection-database attack revolution and prevention [J]. J Int'l Com L & Tech，2011，6：221－224.

[72]　NEWSHAM T，HOAGLAND J. Windows Vista network attack surface analysis：a broad overview[J]. Symantec Response Whitepaper，2006，7:201－243.

[73]　VANFRETTI L，AARSTRAND V H，ALMAS M S，et al. A software development toolkit for real-time synchrophasor applications[C]// 2013 IEEE Grenoble Conference. USA：IEEE，2013：1－6.

[74]　LUO Y，LI C G，ZHANG F，et al. The real-time monitor system based on LabVIEW[C]//Proceedings of 2011 International Conference on Computer Science and Network Technology. USA：IEEE，2011，2：848－851.

[75]　王向宇途.基于 Visual Basic 的上位机和西门子 S7－400 PLC 通信系统实现[J].自动化应用,2018(7):10－11.

[76]　徐泽华,王耀南.使用动态链接库与 PLC 通信[J].微计算机信息,2001(1):39－41.

[77]　WANG H，ZHANG D，SHIN K G. Detecting SYN flooding attacks[C]//Twenty-First Annual Joint Conference of the IEEE Computer and Communications Societies. USA：IEEE，2002，3：1530－1539.

[78]　CHEN W，YEUNG D Y. Defending against TCP SYN flooding attacks under different types of IP spoofing[C]//International Conference on Networking，International Conference on Systems and International Conference on Mobile Communications and Learning Technologies (ICNICONSMCL'06). USA：IEEE，2006:38－38.

[79]　KAUFMAN C,PERLMAN R，SOMMERFELD B. DoS protection for UDP-based protocols[C]//Proceedings of the 10th ACM conference on Computer and communications security. New York:ACM，2003：2－7.

[80] WANG X，DU J，QI L，et al. Supervision control system of chemical industry based on WinCC[J]. Control and Instruments in Chemical Industry，2006，33(5)：41.

[81] MALCHOW J O，MARZIN D，KLICK J，et al. Plc guard：A practical defense against attacks on cyber-physical systems［C］//2015 IEEE Conference on Communications and Network Security (CNS). USA：IEEE，2015：326－334.

[82] CHANG T，WEI Q，GENG Y，et al. Constructing PLC binary program model for detection purposes［C］//Journal of Physics：Conference Series. England：IOP Publishing，2018，1087(2)：022－022.

[83] FAWZI H，TABUADA P，DIGGAVI S. Security for control systems under sensor and actuator attacks[C]//51st IEEE Conference on Decision and Control (CDC). USA：IEEE，2012：3412－3417.

[84] YANG K，WANG R，JIANG Y，et al. Sensor attack detection using history based pairwise inconsistency[J]. Future Generation Computer Systems，2018，86：392－402.

[85] DANSEYS T，KUC Z. Switching device，method，and computer program for efficient intrusion detection：US7849506[P]. 2010－12－07.

[86] DINGD R，HAN Q L，XIANG Y，et al. A survey on security control and attack detection for industrial cyber-physical systems[J]. Neurocomputing，2018，275：1674－1683.

[87] 李铭，邢光升，王芝辉，等. SQL 注入行为实时在线智能检测技术研究[J]. 湖南大学学报(自然科学版)，2020，47(8)：31－41.

[88] 赵荣康，孔祥瑞，梁蓉蓉. 不同安全等级网络之间的数据交换方案研究与实现[J]. 信息安全研究，2020，6(4)：338－344.

[89] HALLER P，GENGE B，DUKA A V. On the practical integration of anomaly detection techniques in industrial control applications[J]. International Journal of Critical Infrastructure Protection，2019，24：48－68.

[90] AGRAWAL R，SRIKANT R. Fast algorithm for mining association rules［J］. Journal of Computer Science & Technology，2000，15 (6)：619－624.

[91] USHARANI P. Fast Algorithms for Mining Association Rules in Data mining[J]. Int J of Scientific & Technology research，2013，2：13－24.

[92] ZHAO Q，BHOWMICK S S. Association rule mining：a survey[J]. Singapore：Nanyang Technological University，2003.

[93] 姜丽莉，黄承宁. 关联规则挖掘在酒店经营数据分析中的应用[J]. 福建电脑，2019，35(1)：51－53.

[94] HIDBER C. Online association rule mining[M]. New York：ACM，1999.

[95] 马骏维. 基于工控系统的关联规则入侵检测方法[C]// 中国通信学会学术工作委员会. 第十届中国通信学会学术年会论文集. 北京：国防工业出版社，2015.

[96] MARKAM V，DUBEY L S M. A general study of associations rule mining in

intrusion detection system[J]. International Journal of Emerging Technology and Advanced Engineering, 2012 ,2 (1):347 - 356.

[97]  TAJBAKHSHA, RAHMATI M, MIRZAEI A. Intrusion detection using fuzzy association rules[J]. Applied Soft Computing,2009, 9 (2):462 - 469.

[98]  LI H G, NI Y. Intrusion detection technology research based on apriori algorithm [J], Physics Procedia,2012, 24:1615 - 1620.

[99]  崔妍,包志强. 关联规则挖掘综述[J]. 计算机应用研究,2016,33(2):330 - 334.

[100]  Ye Y, CHIANG C C. A parallel apriori algorithm for frequent itemsets mining [C]//Fourth International Conference on Software Engineering Research, Management and Applications (SERA'06). USA:IEEE, 2006: 87 - 94.

[101]  BORGELT C, KRUSE R. Induction of association rules: Apriori implementation [C]// Compstat. Physica. Heidelberg:Physica, 2002: 395 - 400.

[102]  JIAO Y B. Research of an improved apriori algorithm in data mining association rules[J]. International Journal of Computer and Communication Engineering, 2013, 2(1): 25.

[103]  Wu H, Lu Z, Pan L, et al. An improvedapriori-based algorithm for association rules mining [C]// Sixth International Conference on Fuzzy Systems and Knowledge Discovery. USA: IEEE, 2009, 2: 51 - 55.

[104]  王琦,邰伟,汤奕,等. 面向电力信息物理系统的虚假数据注入攻击研究综述[J]. 自动化学报,2019,45(1):72 - 83.

[105]  HU L, WANG Z D, HAN Q L, et al. State estimation under false data injection attacks: security analysis and system protection [J]. Automatica, 2018, 87:176 - 183.

[106]  LIANG G, ZHAO J, LUO F, et al. A review of false data injection attacks against modern power systems[J]. IEEE Transactions on Smart Grid, 2016, 8(4): 1630 - 1638.

[107]  LIU X, LI Z Y. False data attack models, impact analyses and defense strategies in the electricity grid[J]. Electricity Journal, 2017, 30(4):35 - 42.

[108]  YANG W, ZHANG Y, CHEN G R, et al. Distributed filtering under false data injection attacks[J]. Automatica, 2019,102:34 - 44.

[109]  RAHMAN M A, MOHSENIAN R H. False data injection attacks with incomplete information against smart power grids[C]//Global Communications Conference (GLOBECOM). USA:IEEE, 2012: 3153 - 3158.

[110]  ANWAR A, MAHMOOD A N, PICKERING M. Modeling and performance evaluation of stealthy false data injection attacks on smart grid in the presence of corrupted measurements[J]. Journal of Computer and System Sciences, 2017,83 (1):58 - 72.

[111]  LI Y G, YANG G H. Optimal stealthy false data injection attacks in cyber-physical systems[J]. Information Sciences, 2019,481:474 - 490.

[112]  KWON C, LIU W, HWANG I. Security analysis for cyber-physical systems

against stealthy deception attacks［C］// American control conference. USA：IEEE，2013：3344 - 3349.

[113]　YE D，LUO S P. A co-design methodology for cyber-physical systems under actuator fault and cyber attack[J]. Journal of the Franklin Institute，2019，356(4)：1856 - 1879.

[114]　HE Y，MENDIS G J，WEI J. Real-time detection of false data injection attacks in smart grid：a deep learning-based intelligent mechanism［J］. IEEE Transactions on Smart Grid，2017，8(5)：2505 - 2516.

[115]　WANG Q，TAI W，TANG Y，et al. A two-layer game theoretical attack-defense model for a false data injection attack against power systems［J］. International Journal of Electrical Power & Energy Systems，2019，104：169 - 177.

[116]　MANANDHAR K，CAO X，HU F，et al. Detection of faults and attacks including false data injection attack in smart grid using Kalman filter［J］. IEEE transactions on control of network systems，2014，1(4)：370 - 379.

[117]　MANANDHAR K，CAO X，HU F，et al. Combating false data injection attacks in smart grid using Kalman filter［C］//International Conference on Computing，Networking and Communications (ICNC). USA：IEEE，2014：16 - 20.

[118]　MO Y L，GARONE E，CASAVOLA A，et al. False data injection attacks against state estimation in wireless sensor networks［C］// 49th IEEE Conference on Decision and Control (CDC). Atlanta：IEEE，2010：5967 - 5972.

[119]　KIM C H，QUISQUATER J J. Faults，injection methods，and fault attacks［J］. IEEE Design & Test of Computers，2007，24(6)：544 - 545.

[120]　TEIXEIRA A，PÉREZ D，SANDBERG H，et al. Attack models and scenarios for networked control systems［C］//Proceedings of the 1st International Conference on High Confidence Networked Systems. USA：ACM，2012：55 - 64.

[121]　冯允成,邹志红,周泓. 离散系统仿真[M]. 北京:机械工业出版社,1998.

[122]　郭尚来. 随机控制[M]. 北京:清华大学出版社,1999.

[123]　HU S S，ZHU Q X. Stochastic optimal control and analysis of stability of networked control systems with long delay[J]. Automatica，2003，39(11)：1877 - 1884.

[124]　ZHANG H，CHENG P，SHI L，et al. Optimal DoS attack scheduling in wireless networked control system［J］. IEEE Transactions on Control Systems Technology，2015，24(3)：843 - 852.

[125]　HUANG Y，TANG J，CHENG Y，et al. Real-time detection of false data injection in smart grid networks：an adaptive CUSUM method and analysis［J］. IEEE Systems Journal，2014，10(2)：532 - 543.

[126]　LU W，TONG H. Detecting network anomalies using CUSUM and EM clustering ［C］// International Symposium on Intelligence Computation and Applications. Berlin，Heidelberg：Springer，2009：297 - 308.

[127] 胡寿松.最优控制理论与系统[M].北京:科学出版社,2010.

[128] ALESSANDRI A, COLETTA P. Design of Luenberger observers for a class of hybrid linear systems [C]//International Workshop on Hybrid Systems: Computation and Control. Berlin, Heidelberg: Springer, 2001: 7 - 18.

[129] LUENBERGER D. An introduction to observers [J]. IEEE Transactions on Automatic Control, 1971, 16(6): 596 - 602.

[130] GOODWIN G C, GRAEBE S F, SALGADO M E. Control system design [M]. Upper Saddle River: Prentice Hall, 2001.

[131] ANGK H, CHONG G, LI Y. PID control system analysis, design, and technology [J]. IEEE transactions on control systems technology, 2005, 13(4): 559 - 576.

[132] 郑大钟.线性系统理论[M].北京:清华大学出版社,2015.

[133] MODARES H, LEWIS F L. Linear quadratic tracking control of partially unknown continuous-time systems using reinforcement learning[J]. IEEE Trans Autom Control, 2014, 59(11): 3051 - 3056.

[134] BUBNICKI Z. Modern control theory [M]. Berlin, Heidelberg: Springer, 2007.

[135] ALUR R, D'INNOCENZO A, JOHANSSON K H, et al. Modeling and analysis of multi-hop control networks [C]// 15th IEEE Real-Time and Embedded Technology and Applications Symposium. USA: IEEE, 2009: 223 - 232.

[136] ALUR R, D'INNOCENZO A, JOHANSSON K H, et al. Compositional modeling and analysis of multi-hop control networks[J]. IEEE Transactions on Automatic control, 2011, 56(10): 2345 - 2357.

[137] PAJIC M, SUNDARAM S, PAPPAS G J, et al. The wireless control network: a new approach for control over networks [J]. IEEE Transactions on Automatic Control, 2011, 56(10): 2305 - 2318.

[138] GUPTAV, DANA A F, HESPANHA J P, et al. Data transmission over networks for estimation and control [J]. IEEE Transactions on Automatic Control, 2009, 54(8): 1807 - 1819.

[139] D'INNOCENZO A, DI BENEDETTO M D, Serra E. Fault tolerant control of multi-hop control networks[J]. IEEE Transactions on Automatic Control, 2012, 58(6): 1377 - 1389.

[140] SMARRA F, D'INNOCENZO A, DI BENEDETTO M D. Fault tolerant stabilizability of MIMO multi-hop control networks [J]. IFAC Proceedings Volumes, 2012, 45(26): 79 - 84.

[141] DI BENEDETTO M D, D'INNOCENZO A, SMARRA F. Fault-tolerant control of a wireless HVAC control system [C]//6th International Symposium on Communications, Control and Signal Processing (ISCCSP). USA: IEEE, 2014: 235 - 238.

[142] TAROKH M. Frequency-domain criteria for controllability and observability of multivariable systems[C]// American Control Conference. USA：IEEE，1986：782 - 787.

[143] HOU F Y, PANG Z H, ZHOU Y G, et al. False data injection attacks for output tracking control systems[C]//34th Chinese Control Conference (CCC). USA：IEEE，2015：6747 - 6752.

[144] D'INNOCENZO A, SMARRA F, DI BENEDETTO M D. Resilient stabilization of multi-hop control networks subject to malicious attacks[J]. Automatica，2016，71：1 - 9.

[145] MARKAM V, DUBEY L S M. A general study of associations rule mining in intrusion detection system[J]. International Journal of Emerging Technology and Advanced Engineering，2012，2(1)：347 - 356.

[146] D'INNOCENZO A, DI BENEDETTO M D, SMARRA F. Fault detection and isolation of malicious nodes in MIMO Multi-hop Control Networks[C]//52nd IEEE Conference on Decision and Control. USA：IEEE，2013：5276 - 5281.

[147] TANENBAUM A S, WETHERALL D J. Computer networks[M]. New York：Pearson，2011.

[148] 邱占芝,张庆灵,杨春雨.基于广义系统的网络控制系统的分析与建模[J].东北大学学报,2005(5):409 - 412.

[149] HESPANHA J P. Linear systems theory[M]. Princeton：Princeton University Press，2018.

[150] GU G. Discrete-time linear systems：theory and design with applications [M]. Berlin：Springer Science & Business Media，2012.

[151] KALMAN R E. Contributions to the theory of optimal control[J]. Bol Soc Mat Mexicana，1960，5(2)：102 - 119.

[152] VEILLETTE R J. Reliable linear-quadratic state-feedback control [J]. Automatica，1995，31(1)：137 - 143.

[153] WELCH G, BISHOP G. An introduction to the Kalman filter：course 8[C]// Computer graphics, annual conference on computer graphics and interactive techniques. Los Angeles：SIGGRAPH ACM，2001.

[154] FARAGHER R. Understanding the basis of the Kalman filter via a simple and intuitive derivation[J]. IEEE Signal processing magazine，2012，29(5)：128 - 132.

[155] BROWN R G, HWANG P Y C. Introduction to random signals and applied Kalman filtering[M]. New York：Wiley，1992.

[156] MEINHOLD R J, SINGPURWALLA N D. Understanding the Kalman filter[J]. The American Statistician，1983，37(2)：123 - 127.

[157] NISHINA H, UMAKOSHI K, HASHIMOTO Y. Control of air temperature in nursery plants production system by lqi control with Kalman filter[J]. IFAC

Proceedings Volumes，1997，30(26)：13 - 18.

[158] FENG Z，ZHU J，ALLEN R. Design of continuous and discrete lqi control systems with stable inner loops[J]. Shanghai Jiaotong University Journal，2007，12(6)：787 - 792.

[159] 龚德恩.离散控制系统引论[M].北京：中国铁道出版社，2004.

[160] MANANDHAR K，CAO X，HU F，et al. Detection of faults and attacks including false data injection attack in smart grid using Kalman filter[J]. IEEE Transactions on Control of Network Systems，2014，1(4)：370 - 379.

[161] PRAKASH J，PATWARDHAN S C，NARASIMHAN S. A supervisory approach to fault-tolerant control of linear multivariable systems[J]. Industrial & Engineering Chemistry Research，2002，41(9)：2270 - 2281.

[162] 茆诗松，周纪芎.概率论与数理统计[M].北京：中国统计出版社，2007.

[163] RAMACHANDRAN K M，TSOKOS C P. Mathematical statistics with applications in R[M]. Amsterdam：Elsevier，2014.

[164] MAHMOUDM S，HAMDAN M M，BAROUDI U A. Modeling and control of cyber-physical systems subject to cyber attacks：a survey of recent advances and challenges[J]. Neurocomputing，2019，338：101 - 115.

[165] 刘皓.信息物理系统的"攻与防"[J].沈阳航空航天大学学报，2018，35(3)：1 - 9.

[166] SÁNCHEZH，ROTONDO D，ESCOBET T，et al. Frequency-based detection of replay attacks：application to a multiple tank system[J]. IFAC-Papers OnLine，2018，51(24)：969 - 974.

[167] SÁNCHEZH S，ROTONDO D，ESCOBET T，et al. Detection of replay attacks in cyber-physical systems using a frequency-based signature[J]. Journal of the Franklin Institute，2019，356(5)：2798 - 2824.

[168] YEN S M，LIAO K H. Shared authentication token secure against replay and weak key attacks [J]. Information Processing Letters，1997，62(2)：77 - 80.

[169] TANG B，ALVERGUE L D，GU G. Secure networked control systems against replay attacks without injecting authentication noise [C]// American Control Conference (ACC). USA：IEEE，2015：6028 - 6033.

[170] ZHANG Y Y，LI X Z，LIU Y A. The detection and defence of DoS attack for wireless sensor network [J]. Journal of China Universities of Posts & Telecommunications，2012(19)：52 - 56.

[171] PRAKASH J，PATWARDHAU S C，NARASIMHAN S. A supervisory approach to fault-tolerant control of linear multivariable systems [J]. Industrial & Engineering Chemistry Research，2002，41(9)：2270 - 2281.

[172] YE N，CHEN Q. An anomaly detection technique based on a chi-square statistic for detecting intrusions into information systems [J]. Quality and Reliability Engineering International，2001，17(2)：105 - 112.

[173] ZHOU B, SHI Q, MERABTI M. Intrusion detection in pervasive networks based on a chi-square statistic test[C]// 30th Annual International Computer Software and Applications Conference (COMPSAC'06). USA:IEEE, 2006, 2: 203 – 208.

[174] YE N, EMRAN S M, LI X, et al. Statistical process control for computer intrusion detection [ C ]//Proceedings DARPA Information Survivability Conference and Exposition Ⅱ. DISCEX'01. USA:IEEE, 2001, 1: 3 – 14.

[175] 王效武,刘英. 基于方向的重放攻击防御机制[J]. 通信技术,2019,52(6): 1500 – 1503.

[176] TRAN T T, SHIN O S, LEE J H. Detection of replay attacks in smart grid systems [ C ]// International Conference on Computing, Management and Telecommunications (ComManTel). USA:IEEE, 2013: 298 – 302.

[177] MIAOF, PAJIC M, PAPPAS G J. Stochastic game approach for replay attack detection[C]// 52nd IEEE conference on decision and control. USA:IEEE, 2013: 1854 – 1859.

[178] RICCARDO M G, FERRAR I, ANDERE M H. Teixeira, detection and isolation of replay attacks through sensor watermarking[C]//IFAC-Papers Online, 2017, 50(1) :7363 – 7368.

[179] 管廷昭. 持续攻击下智能网络入侵主动防御系统设计[J]. 电子设计工程,2018,26 (18): 44 – 48.

[180] COX I, MILLER M, BLOOM J, et al. Digital watermarking and steganography [M]. San Francisco:Morgan kaufmann, 2007.

[181] SATCHIDANANDAN B, KUMAR P R. Dynamic watermarking: active defense of networked cyber – physical systems[J]. Proceedings of the IEEE, 2016, 105 (2): 219 – 240.

[182] COX I J, MILLER M L, BLOOM J A, et al. Digital watermarking[M]. San Francisco: Morgan Kaufmann, 2002.

[183] 谭慧. 数字水印技术及其应用[J]. 信息与电脑(理论版). 2018(13):221 – 222.

[184] TEN C W, MANIMARAN G, LIU C C. Cybersecurity for critical infrastructures: attack and defense modeling[J]. IEEE Transactions on Systems, Man, and Cybernetics-Part A: Systems and Humans, 2010, 40(4): 853 – 865.

[185] HUANG M Y, JASPER R J, WICKS T M. A large scale distributed intrusion detection framework based on attack strategy analysis[J]. Computer Networks, 1999, 31(23 – 24): 2465 – 2475.

[186] PAN L, ZHENG X, CHEN H X, et al. Cyber security attacks to modern vehicular systems[J]. Journal of Information Security and Applications, 2017,36, 90 – 100.

[187] YUAN Y, ZHU Q, SUN F, et al. Resilient control of cyber-physical systems against denial-of-service attacks[C]//6th International Symposium on Resilient Control Systems (ISRCS). USA:IEEE, 2013: 54 – 59.

[188] DOLK V S, TESI P, De PERSIS C, et al. Event-triggered control systems under denial-of-service attacks[J]. IEEE Transactions on Control of Network Systems [J], 2016, 4(1): 93 – 105.

[189] MO Y L, SINOPOLI B. Secure control against replay attacks[C]// Proceedings of the 47th annual Allerton conference on Communication, control, and computing (Allerton'09). USA: IEEE, 2009:911 – 918.

[190] MO Y L, WEERAKKODY S, SINOPOLI B. Physical authentication of control systems: Designing watermarked control inputs to detect counterfeit sensor outputs[J]. IEEE Control Systems Magazine, 2015, 35(1): 93 – 109.

[191] POTDARV M, HAN S, CHANG E. A survey of digital image watermarking techniques [C]//3rd IEEE International Conference on Industrial Informatics. USA:IEEE, 2005: 709 – 716.

[192] VOYATZIS G, NIKOLAIDIS N, PITAS I. Digital watermarking: an overview [C]//9th European Signal Processing Conference (EUSIPCO 1998). USA:IEEE, 1998: 1 – 4.

[193] 戴宝峰,崔少辉,王岩. 基于 IEEE1588 协议的时间戳的生成与分析[J]. 仪表技术, 2007(7):15 – 17.

[194] MILLS D L. Internet time synchronization: the network time protocol[J]. IEEE Transactions on Communications, 1991, 39(10): 1482 – 1493.